G. N. TAUMURATOVA

A INFLUÊNCIA DOS FACTORES ECOLÓGICOS NO ORGANISMO HUMANO

G. N. TAUMURATOVA

A INFLUÊNCIA DOS FACTORES ECOLÓGICOS NO ORGANISMO HUMANO

DA REGIÃO MERIDIONAL DO MAR DE ARAL

ScienciaScripts

Imprint

Cover image: www.ingimage.com

This book is a translation from the original published under ISBN 978-620-7-64166-6.

Publisher:
Sciencia Scripts
is a trademark of
Dodo Books Indian Ocean Ltd. and OmniScriptum S.R.L publishing group

120 High Road, East Finchley, London, N2 9ED, United Kingdom
Str. Armeneasca 28/1, office 1, Chisinau MD-2012, Republic of Moldova, Europe
Printed at: see last page
ISBN: 978-620-7-72727-8

УДК 577.34:001.18:616.379
М-22

Taumuratova G.N. Influência dos factores ecológicos na incidência da população da região meridional do mar de Aral" - Monografia. - Europa Moldava 2024. 112p.

A monografia é dedicada aos problemas da influência dos factores ambientais na saúde da população que vive nas condições da região do Sul do Mar de Aral. São apresentados os resultados da investigação sobre a avaliação ecológica do estado de saúde da população humana, que reflecte o estado do ecossistema da região meridional do Mar de Aral como um todo. O livro destina-se a cientistas, professores de instituições de ensino superior, estudantes de doutoramento, estudantes de graduação, estudantes de pós-graduação, bem como a todos os interessados no problema da proteção ambiental e na redução das consequências da crise ecológica do Mar de Aral na região do Sul do Mar de Aral.

Recomendado para publicação pelo Conselho Científico do Instituto de Investigação Científica Karakalpak de Ciências Naturais da KKO da Academia de Ciências da República do Usbequistão (Protocolo n.º 8 de 14.04. 2024)

Revisores:

U.K. Kudaibergenova - Doutor em Filosofia (PhD) em Ciências Biológicas, Chefe do Departamento de Zoologia, Morfofisiologia Humana e Métodos de Ensino no Instituto Pedagógico Estatal de Nukus com o nome de Azhiniyaz

A.I. Kurbanova - Candidata a Ciências Biológicas, Professora Associada do Departamento de Biologia Geral e Fisiologia da Universidade Estatal de Berdakha Karakalpak.

INTRODUÇÃO

O problema da diabetes mellitus (DM) é um problema médico, ambiental e socioeconómico urgente que constitui uma das prioridades dos sistemas nacionais de saúde de quase todos os países do mundo. De acordo com a definição dos peritos da Organização Mundial de Saúde: "A diabetes mellitus é um problema de todas as idades e de todos os países", cuja importância se deve à sua elevada prevalência, à tendência contínua para o aumento do número de doentes, à evolução crónica, à elevada incapacidade e à mortalidade dos doentes em consequência do desenvolvimento de complicações vasculares tardias (micro macroangiopatia), bem como à necessidade de criar um sistema de cuidados especializados para os doentes.

O primeiro Presidente da República do Usbequistão, I.A. Karimov, no seu livro "O Usbequistão no limiar do século XXI: ameaças à segurança, condições e garantias de progresso", escreveu que "A comunidade internacional há muito que reconheceu a santidade e a inviolabilidade dos direitos humanos não só à vida, mas também a condições ambientais normais, necessárias para um estilo de vida pleno e saudável das pessoas. A segurança ambiental, devido à sua relevância e importância para a humanidade, é um dos problemas mais importantes. Utilizando o exemplo do desenvolvimento da desertificação antropogénica da região do Mar de Aral, da crise económica e da degradação social da população da República de Karakalpakstan, podemos ver em primeira mão como é importante garantir a segurança ambiental não só desta região, mas também das repúblicas da Ásia Central no seu conjunto".

Na estrutura das doenças endócrinas, a diabetes ocupa uma posição de liderança. Devido ao rápido aumento da morbilidade, à elevada mortalidade, à incapacidade precoce dos jovens em idade ativa e à diminuição da qualidade de vida, a diabetes é um problema importante não só do ponto de vista médico, mas também social.

Estudos epidemiológicos revelaram um aumento na altura dos pacientes com diabetes (Denisova et al., 2005; Deryapa et al., 1977; Kurbanov et al., 2002; Madreimov et al., 2004; Haynes et al., 2012). Existem cerca de 135 milhões de pacientes com diabetes no mundo e o seu número aumenta anualmente em 5-7% (Balabolkin et al., 2000;

Bakhiev et al., 2001; Zykova et al., 1996). De acordo com peritos da Organização Mundial de Saúde, até 2025, o número projetado de doentes com diabetes atingirá 300 milhões de pessoas (Prevention..., 2005). De acordo com os peritos dos países da CEI, o número de doentes com diabetes é de 8 milhões de pessoas (Ibragimov, 1992; Lebedev et al., 1993; Lyabakh, 2004).

A prevalência da diabetes varia significativamente consoante os países e as regiões. Sabe-se que a incidência da diabetes tipo 1 aumenta de sul para norte e de este para oeste. Observa-se uma elevada taxa de incidência nos países escandinavos (Finlândia, Suécia, Dinamarca) e a diabetes é mais rara nos países de Leste (Coreia, Japão) (Wilkin, 2012).

A hereditariedade desempenha um papel importante no desenvolvimento da diabetes. Estudos têm demonstrado que diferentes populações têm diferentes graus de predisposição genética (Deryapa et al., 1977; Akanuma, 1996; Gascon et al., 2013). A este respeito, é necessário ter em conta as diferenças populacionais na ocorrência de antigénios HLA - o sistema com uma avaliação do risco de desenvolver diabetes para cada população (Garipova, 2007; Gracheva et al., 1977).

O aumento da incidência da diabetes é observado independentemente dos êxitos alcançados no estudo de vários aspectos do desenvolvimento da doença, do desenvolvimento de novos métodos de diagnóstico e da introdução de métodos de tratamento modernos. Está indiscutivelmente provado que a principal causa das complicações vasculares tardias da diabetes é a hiperglicemia (The Diabetes Control., 2000). Estão a acumular-se cada vez mais provas de que os efeitos nocivos da hiperglicemia são mediados pelos radicais livres (Balabolkin, 1994; 1997).

Recentemente, nos mecanismos de desenvolvimento da diabetes e das suas complicações, foi atribuído um papel importante à ativação da peroxidação lipídica (LPO) e do sistema antioxidante (AOS) (Balabolkin, 2000; Staroseltseva, 1983; Watkins, 2000).

De acordo com o grupo de investigação da OMS, a diabetes tipo 1 afecta uma em cada 500 crianças e um em cada 200 adolescentes, com o pico de incidência a atingir os 7-11 anos de idade (Martynova, 2003; Kaminskyi et al., 2015). As diferenças estão associadas não só a diferentes graus de predisposição genética nos grupos étnicos, mas também a factores ambientais, cujo rácio de influência é de aproximadamente 30%

e 70%, respetivamente. O mecanismo da influência dos poluentes antropogénicos no início do processo no pâncreas, que leva à destruição das células ß e à diabetes mellitus, continua por explorar (Dedov, 2011).

A investigação científica dedicada ao efeito sobre a incidência da diabetes de tipo I em crianças e adolescentes de vários objectos da biosfera expostos à poluição antropogénica é extremamente insuficiente (Abusuev, 1998; Aliev, 1991; Balabolkin, 2000). Praticamente não existem estudos que confirmem a relação causa-efeito entre a incidência da diabetes tipo I e os factores ambientais. Isto indica a necessidade óbvia de um estudo mais aprofundado de questões relacionadas com a determinação dos aspectos ambientais da diabetes, a sua prevalência, factores genéticos de predisposição e proteção.

Atualmente, está a ser realizada investigação em todo o mundo numa série de áreas prioritárias para o diagnóstico e a prevenção de doenças do sistema endócrino, incluindo a diabetes, nomeadamente o impacto dos factores ambientais. A investigação científica destinada a estudar o impacto dos factores ambientais, como uma das causas do risco e do desenvolvimento da diabetes tipo I, é realizada nos principais centros científicos e instituições de ensino superior do mundo, incluindo a Universidade de Kentucky (EUA), a Universidade de Guelph Ontário (Canadá), a Universidade de Sydney (Austrália), a Universidade Federal de Lavras (Brasil), a Universidade Paul Sabatier de Toulouse (França), a Universidade de Medicina (Hungria), a Universidade Aristóteles de Salónica (Grécia), o Instituto de Ecologia Humana (Rússia).

Como resultado da investigação mundial sobre o impacto dos factores ambientais como perceção causal da morbilidade, foram obtidos vários resultados científicos, incluindo a determinação do grau de impacto da contribuição de factores exógenos como risco no desenvolvimento da diabetes de tipo 1 (Universidade Paul Sabatier de Toulouse, França; Universidade de Kentucky, EUA); foram desenvolvidas recomendações sobre diagnósticos biológicos e ambientais de risco no desenvolvimento da diabetes de tipo 1 entre a população infantil na dependência da idade (Universidade Médica, Hungria; Universidade Aristóteles de Salónica, Grécia); os dados sobre a influência de factores externos no grau de risco para o desenvolvimento da diabetes tipo I na população de vários países, como a Áustria, Bélgica, Brasil, Bulgária, Canadá, China, Dinamarca, Estónia, Finlândia, França, Alemanha, Grécia, Hungria, Israel, Itália,

Japão, Letónia, México, Países Baixos, Nova Zelândia, Noruega, Peru, Polónia, Portugal, Rússia, Eslovénia, Espanha, Suécia, Grã-Bretanha, Estados Unidos da América e muitos outros.

Além disso, foi acumulado um grande número de publicações na literatura científica nacional e estrangeira dedicadas ao estudo da clarificação dos componentes intracelulares que recebem o sinal hormonal de um complexo hormona-recetor ou de uma hormona separada após a sua internalização.

Um estudo exaustivo do comportamento da insulina em condições fisiológicas e patológicas, bem como das propriedades dos inibidores da clivagem enzimática da insulina, é de particular interesse teórico e prático. A insulina é uma das mais importantes hormonas polipeptídicas que sofre uma clivagem rápida nas células-alvo animais e humanas. De acordo com os conceitos modernos, esta hormona tem um efeito complexo tanto nas membranas plasmáticas da célula alvo como nos seus organelos, incluindo o núcleo. É por isso que a atenção dos investigadores tem sido recentemente dirigida para a elucidação dos componentes intracelulares que recebem o sinal hormonal de um complexo hormona-recetor ou de uma hormona separada após a sua internalização.

Além disso, a investigação científica sobre o impacto da incidência da diabetes de tipo I na população de vários objectos da biosfera expostos à poluição antropogénica é extremamente insuficiente (Aliyev, 1991; Aghajanyan et al., 1996; 2000). Praticamente não existem estudos que confirmem a relação causal entre a incidência da diabetes tipo I e os factores ambientais. A importância do problema estudado é determinada pela elevada prevalência de diabetes entre as crianças e os adolescentes na região sul do Mar de Aral, com tendência para um aumento da morbilidade.

Assim, tendo em conta o exposto, verificamos que o estado de saúde da população humana reflecte o estado do ecossistema da região sul do Mar de Aral como um todo. Neste sentido, a morbilidade da população pode ser considerada como um indicador integral da influência do ambiente (tendo em conta as condições de vida socioeconómicas) na saúde humana, o que levou à escolha do tema da presente investigação de dissertação.

CAPÍTULO 1
O ESTADO DE CONHECIMENTO DO PROBLEMA
(Crítica literária)

1.1. Determinação do papel dos factores antropogénicos no complexo impacto ambiental sobre a saúde pública

A proteção do ambiente no interesse da preservação da saúde humana, em particular a redução dos efeitos negativos da exposição a factores nocivos, continua a ser uma tarefa fundamental da investigação biomédica. Ao mesmo tempo, a principal forma de definir orientações estratégicas para a segurança ambiental e a sua aplicação na fase atual é avaliar os riscos e desenvolver soluções de gestão para otimizar o ambiente, as condições de vida e a saúde pública (Chernyak, 2006).

Numerosos estudos sobre o estado de saúde da população em relação à influência de vários factores, realizados no nosso país e no estrangeiro, provaram de forma convincente que a poluição do ambiente e as condições de vida afectam negativamente a saúde da população. O resultado de factores ambientais de natureza diversa (química, física, biológica) e de natureza (social, económica, natural) é um aumento da mortalidade, da morbilidade, da deterioração do desenvolvimento físico e um aumento do número de pessoas com doenças pré-mórbidas.

Caracterizando o papel dos factores individuais na formação da morbilidade da população, os investigadores nacionais e estrangeiros confirmam que cada duplicação subsequente da poluição ambiental provoca um aumento da morbilidade numa determinada percentagem (Onishchenko, 2003).

A poluição ambiental antropogénica tem um impacto pronunciado na formação da saúde da população, especialmente em ligação com as mudanças nas condições socioeconómicas. Por conseguinte, o problema do efeito adverso dos factores ambientais na saúde é cada vez mais urgente.

A definição de dependências quantitativas no sistema ambiente-saúde como tarefa primordial da higiene ambiental foi estabelecida pela primeira vez por G.I. Sidorenko no final dos anos 60 - início dos anos 70 e subsequentemente desenvolvida no desenvolvimento de critérios e métodos para quantificar o impacto dos factores ambientais.

Como se sabe, a morbilidade é a reação mais caraterística e oficialmente registada aos efeitos nocivos do ambiente, que reflecte os efeitos a longo prazo e crónicos do poluente (Shcherbo et al., 2008). Os factores ambientais afectam várias formas nosológicas e grupos de doenças. Os estudos mostram que a contribuição total dos factores antropogénicos para a formação de anomalias de saúde varia entre 10 e 57% (Redkin, 1996). Os poluentes atmosféricos, como o dióxido de enxofre e o monóxido de carbono, que são comuns nas cidades, afectam significativamente a prevalência de doenças respiratórias crónicas não específicas, infecções virais respiratórias agudas, doenças alérgicas, doenças do sistema endócrino, distúrbios alimentares e metabólicos, doenças do sistema nervoso e dos órgãos digestivos.

Numerosos estudos mostram a relação entre factores socio-higiénicos e ambientais e indicadores do estado de saúde da população. A seletividade da influência dos factores em grupos e formas específicos de doenças é consistente não só com conceitos biológicos gerais, mas também com os dados disponíveis sobre as características fisiopatológicas dos efeitos de vários factores ambientais no organismo. A avaliação da importância da poluição ambiental através das respostas biológicas do corpo humano e dos indicadores de saúde é mais objetiva do que a comparação das concentrações de poluentes individuais com as normas de higiene, ou seja, tem em conta a influência de todos os poluentes, incluindo os não identificados, os seus efeitos complexos e combinados no corpo humano (Vakhrushcheva, 1991).

Um dos factores ambientais mais estudados é a poluição atmosférica. Os poluentes omnipresentes da atmosfera são o monóxido de carbono, o dióxido de enxofre, os óxidos de azoto e os sólidos em suspensão.

Assim, segundo os investigadores, as baixas concentrações de monóxido de carbono provocam uma intoxicação crónica caracterizada por um polimorfismo pronunciado: tendência para o angiospasmo, danos nos sistemas nervoso e cardiovascular, astenia, perturbações hemodinâmicas e visuais, lesões cutâneas, etc. (Golubov et al., 1981; Denisova et al., 2005). De acordo com V.Z. Martynyuk e co-autores (1969), o monóxido de carbono, como fator histiogénico que causa danos primários nos sistemas respiratórios celulares, tem neurotropia. As alterações causadas por ele podem ser potenciadas por alterações nos vasos sanguíneos. Ao mesmo tempo, a regulação neuro-humoral é perturbada. Como resultado de uma exposição prolongada, mesmo a doses subtóxicas de monóxido de carbono no organismo, a sua ligação forma-se diretamente com componentes enzimáticos ou outros componentes das células, o que é extremamente lento para transformações dissociativas (Dedov, 2005; Kuraeva et al., 1993; 2002).

Segundo os especialistas, pequenas concentrações de monóxido de carbono têm um efeito de bócio, cujo mecanismo se deve à hipoxia, bem como à possibilidade de exposição direta desta substância às enzimas oxidativas da glândula tiroide (Martynova, 2003; Sidorenko et al., 1994; Ubaidullaev, 1986).

Os óxidos de azoto são venenos sanguíneos que convertem a oxihemoglobina em metemoglobina e actuam no sistema nervoso central. Além disso, quando envenenados com óxidos de azoto, formam-se nitratos e nitritos no sangue, que actuam nas artérias, causando vasodilatação e baixando a pressão arterial (Bushtueva et al., 1979; Vakhrushcheva, 1991; Eschanov, 1991).

O dióxido de enxofre, quando inalado, irrita o trato respiratório, provoca espasmos brônquicos e um aumento da resistência das vias respiratórias. O efeito geral do dióxido de enxofre é perturbar o metabolismo dos hidratos de carbono e das proteínas, inibir os processos oxidativos no cérebro, no fígado, no baço, nos músculos, inibir a desaminação oxidativa dos aminoácidos e a oxidação do ácido pirúvico (Kasatkina, 1996; Kulkaraev, 2006; Chebotarev, 2007).

De acordo com os investigadores, com a ação combinada de baixas concentrações de monóxido de carbono e dióxido de enxofre, a função do sistema nervoso muda, a reatividade imunológica diminui e a carboxihemoglobina aparece no sangue. Vários compostos químicos danificam as membranas dos organelos subcelulares, o que causa a inferioridade funcional das células e uma diminuição da resistência do corpo como um todo (Mahmudov et al., 2004, 2007).

Atualmente, os pesticidas mais comuns no ambiente continuam a ser os compostos organoclorados (CHOC) e organofosforados (PHOS). Os autores observam que o mecanismo do efeito dos FOS nas estruturas biológicas é uma violação da função catalítica da enzima colinesterase, que desempenha um papel fisiológico importante (Mambetullayeva et al., 2013; Mahmudov et al., 2007; Cetkovic-Cvrlje, 2015).

A ação dos pesticidas organofosforados (FOP), que têm atividade anticolinesterásica e provocam manifestações colinérgicas de intoxicação, tem uma componente não colinérgica. O efeito hipertensivo dos FOP pode estar associado ao seu efeito no sistema nervoso central e nos gânglios simpáticos e, possivelmente, em parte à ação reflexa através da zona reflexogénica carotídea (Kryatov, 1991; Pathange, 2008). Os XOS têm um efeito politrópico no corpo humano. Ao mesmo tempo, observam-se lesões do sistema nervoso, com o carácter de um processo difuso, como a encefalomielopolineurite tóxica, bem como do fígado e do sistema sanguíneo. Além disso, alguns especialistas provaram experimentalmente que a ingestão prolongada de DDT no corpo animal e sua acumulação em vários tecidos causa uma série de alterações fisiológicas, bioquímicas, imunobiológicas e morfológicas no corpo, afeta a permeabilidade das membranas celulares (Waghe et al.,, 2016; Xu et al., 2015).

A água potável é, antes de mais, saúde humana. Segundo a OMS, 70% de todas as doenças no mundo estão associadas à má qualidade da água potável e à violação das normas sanitárias e higiénicas de abastecimento de água. A composição e as propriedades da água não devem violar as normas de nenhum indicador e a concentração de substâncias nocivas não deve exceder as concentrações máximas permitidas (MPC ou outras normas) nas massas de água para fins económicos, de consumo ou culturais (Aghajanyan, 2000; Gichev, 2003).

Dados modernos indicam a possibilidade da influência de águas com baixo teor de sais de dureza no sistema cardiovascular humano e de águas com um nível elevado de mineralização nos órgãos digestivos. A troca de oligoelementos em várias condições fisiológicas e patológicas do corpo é abordada nos trabalhos de vários autores (Konshina et al., 2005; Maimulov et al., 2000). A água potável não deve conter microorganismos nocivos. A água é um excelente ambiente para a reprodução de bactérias, muitas doenças são transmitidas através da água. As doenças não transmissíveis estão entre os grupos de doenças diretamente relacionadas com o fator água.

A situação ambiental extrema na região sul do Mar de Aral levou ao aparecimento de problemas ambientais, socioeconómicos e médicos, o principal dos quais é o impacto negativo dos factores ambientais desfavoráveis na saúde da população que vive nesta região. Nesta região, tem-se verificado a influência de uma série de factores adversos no corpo humano: escassez de água potável, elevada (até 4 vezes) a sua mineralização, aumento (até 1,5-2 vezes) do teor de cloretos, sulfatos e dureza, elevada insolação, nutrição desequilibrada da população e outros factores (Ataniyazova et al., 2004). A presença de desconforto ambiental contribui para o curso desfavorável de doenças renais e do trato urinário, a sua recorrência frequente, cronificação e o desenvolvimento de complicações potencialmente fatais (Golubev, 2001; Ermakovich et al., 2001; Otazhonov, 2004). O estabelecimento da ligação de certas doenças do trato urinário com factores ambientais expandiu a compreensão dos factores de risco e, claro, tornou possível considerar alguns aspectos do diagnóstico, tratamento e prevenção destas doenças de uma nova forma (Musaev, 2006; Rakhmanin et al., 2001). Entretanto, estas questões continuam a ser insuficientemente estudadas na região meridional do Mar de Aral.

Numerosos estudos realizados em regiões agrícolas do Uzbequistão (Abusuyev, 1998; Kamildzhanov et al., 2003; Kurbanov et al., 2002; Mambetullayeva et al., 2013; Mahmudov et al., 2007) revelaram níveis elevados de atraso no desenvolvimento, hipotiroidismo, imunodeficiência e doenças renais e pulmonares crónicas entre as crianças que vivem nestes territórios. As análises do leite materno e do sangue do cordão umbilical de mulheres em Karakalpakstan revelaram níveis elevados de hexaclorobenzina (HCB), hexaclorociclohexano (HCG) e outras dioxinas mais tóxicas. O nível de dioxinas detectado no leite materno das mulheres de Karakalpakstan era 2,5 vezes superior ao das mulheres que viviam na Ucrânia (Zlobina, 1993; Ubaydullaev, 1998). Sabe-se que alguns pesticidas organoclorados (DDT e os seus metabolitos DDE) causam toxicidade reprodutiva e têm efeitos nocivos nas funções de lactação (Wong et al., 2010).

Assim, resumindo a análise das fontes de literatura sobre as características fisiopatológicas dos efeitos de vários factores ambientais antropogénicos no corpo, pode notar-se que cada um deles pode afetar seletivamente as funções de órgãos e sistemas individuais do corpo e ter um efeito específico.

1.2 Factores ambientais que contribuem para o aparecimento e o desenvolvimento da diabetes

O modo moderno de desenvolvimento da produção leva à degradação da biosfera e à perda da sua capacidade de manter a qualidade do ambiente necessária para uma vida normal. A intensidade dos efeitos nocivos no corpo humano aumenta. Por conseguinte, a questão mais importante é a necessidade de estudar a natureza destes impactos no contexto das alterações globais do ambiente natural e do clima, bem como a criação de um sistema de gestão da segurança ambiental capaz de melhorar a qualidade de vida, a saúde e a esperança de vida da população, reduzindo os efeitos adversos dos poluentes no ambiente.

O atual sistema de gestão da segurança ambiental a nível estatal e regional não é suficientemente eficaz, em particular, devido ao facto de não dispor de um instrumento flexível para prever e resolver os problemas modernos de segurança ambiental da população.

A saúde e a doença humanas dependem em grande medida de factores naturais e sociais (Abdirov et al., 1993; Abusuyev et al., 1995; Gichev, 2003; Eschanov, 1999) e do estado do ambiente, cuja poluição causa, segundo as estimativas da OMS, 25 a 33% de todas as doenças notificadas.

Os factores tecnogénicos, tal como demonstrado por estudos recentes, afectam negativamente a saúde humana (Zykova et al., 1996; Konshina, 2005), têm um efeito tóxico geral, provocam o aparecimento de anomalias "pré-natológicas", afectam negativamente o aparelho genético e os sistemas reprodutivo e imunitário.

Uma análise da literatura científica moderna indica a ocorrência generalizada de patologias de origem ecológica entre a população de territórios urbanizados, cuja presença é reconhecida pela maioria dos investigadores (Ibragimov, 1992; Ishmukhametov, 2007). O impacto da poluição ambiental na saúde das crianças de várias idades é amplamente discutido na literatura (Gichev, 2003; Zvinyakovsky, 1979). No entanto, a questão de saber quais as doenças que podem ser consideradas condicionadas pelo ambiente e até mesmo a própria terminologia que denota as doenças relacionadas com o estado do ambiente é controversa. Este problema é refletido de forma mais completa na monografia de Varaksin A.N. (2006). O autor chega à conclusão de que a maioria das doenças estudadas na vigilância socio-higiénica são doenças dependentes do ambiente, de acordo com a terminologia de Shcherbo A.P. et al. (2002), cuja ligação com os factores ambientais existe, mas não é tão forte que seja óbvia (Shcherbo, 2008). Por conseguinte, provar a existência de uma ligação entre a saúde da população e o estado do ambiente não é uma tarefa fácil. De acordo com a definição de A.P. Shcherbo et al. (2008), as doenças de etiologia ecológica podem ser divididas em doenças dependentes do ambiente e doenças causadas pelo ambiente.

Doenças dependentes do ambiente é um termo que se refere a uma vasta gama de doenças (argumento - uma pessoa vive no ambiente e está constantemente ligada a ele). No entanto, a conclusão sobre as relações causais entre os factores ambientais e a doença neste grupo de doenças requer uma justificação cuidadosa. Pode dizer-se que as doenças dependentes do ambiente são aquelas para as quais o estado do ambiente contribui para a sua prevalência, especialmente o seu curso, mas não é a única e principal causa da sua ocorrência (Veltishchev, 1992)

A gravidade do problema da proteção da saúde pública em relação ao impacto negativo dos factores ambientais é indicada pela investigação científica realizada nos últimos anos (Eschanov, 1991; Mirzonov, 2008).

Em quase todas as regiões dos países da CEI e no estrangeiro, onde se realizam estudos médicos e ambientais, são registadas alterações no estado de saúde da população infantil, expressas num aumento do número de crianças frequentemente doentes e de crianças com doenças crónicas, num aumento da morbilidade primária dos órgãos respiratórios e sensoriais, em alterações do estado imunitário (Chebotarev, 2007), observando-se relações significativas com a perda de saúde das crianças devido à poluição ambiental.

A diabetes tipo I é normalmente diagnosticada na infância, na adolescência e no início da idade adulta. No entanto, o início da diabetes tipo I ocorre frequentemente numa fase precoce da vida. 50% dos doentes com a fase inicial da diabetes tipo I têm mais de 20 anos de idade. A diabetes tipo I começa normalmente em crianças a partir dos 4 anos de idade e manifesta-se de forma bastante acentuada, com um período crítico da fase inicial aos 11-13 anos (no início da adolescência ou puberdade).

A influência dos factores ambientais determina a evolução atípica de doenças conhecidas nas crianças, o rejuvenescimento de várias formas nosológicas (DM, úlcera péptica, hipertensão, doença coronária) e um aumento da incidência global. Com uma intensidade de ação baixa e média, os factores físicos e químicos aumentam frequentemente a resistência do organismo e provocam uma tolerância ao fator ativo.

As reacções de stress (sobretensão ou falha de adaptação), resultantes de efeitos fortes e extremos de factores adversos, causam alterações patológicas para além dos limites da norma fisiológica (Ametov, 1998;

Garipova, 2007). Entre as alterações adaptativas e patológicas, podem ocorrer desvios na reatividade do organismo, característicos do stress de adaptação, que diferem ligeiramente dos limites das flutuações fisiológicas.

A reação precoce do corpo humano às impurezas nocivas do ar atmosférico manifesta-se sob a forma de adaptação. Com mecanismos de adaptação suficientes, os processos patológicos não se desenvolvem e, por vezes, devido à mobilização de forças de proteção, a resistência inespecífica aumenta, o que pode ser acompanhado por uma diminuição do risco relativo de morbilidade (Staroseltseva, 1983; Sidorov et al., 2001.

Em condições de poluição ambiental crónica, o corpo humano é forçado a mobilizar constantemente os seus mecanismos de compensação e adaptação, cujas reservas se podem esgotar com o tempo. Como resultado, parece haver uma sobrecarga e uma violação das capacidades adaptativas do corpo: a tensão dos sistemas reguladores e um desequilíbrio da homeostase energética aumentam, o equilíbrio do estado funcional dos mecanismos de regulação da atividade cardíaca é perturbado, as reservas funcionais são esgotadas e é possível um aumento das doenças inflamatórias e oncológicas dos órgãos da homeostase reprodutiva. Isso predispõe à má adaptação, quando o risco de morbidade aumenta, o desenvolvimento de condições pré-dolorosas, a cronização dos principais processos patológicos e uma diminuição das capacidades adaptativas do corpo. Em geral, com base numa revisão da investigação atual, pode concluir-se que a questão do impacto do ambiente poluído na saúde pública e dos mecanismos subjacentes ao impacto negativo dos factores ambientais permanece em aberto e requer um estudo mais aprofundado.

Apesar de a diabetes ser uma das doenças crónicas mais comuns no planeta, a ciência médica ainda não dispõe de dados inequívocos sobre as causas desta doença (Kuraeva et al., 2002). Consideremos as principais causas do desenvolvimento da diabetes, conhecidas pela medicina moderna.

O ambiente ocupa um lugar especial na violação dos processos fisiológicos e na formação de manifestações patológicas nos seres humanos. A incidência depende diretamente da qualidade da água, do ar, dos alimentos, do cumprimento das normas sanitárias e de higiene e pode servir de indicador de problemas ambientais. O constante agravamento da situação ambiental leva a um aumento do número de factores mutagénicos, criando uma base real para aumentar a carga genética, alterando o ritmo do processo de mutação (Staroseltseva, 1983; Butalia, 2016).

A diabetes tipo I é uma doença autoimune em que o sistema imunitário de uma pessoa ataca o seu próprio corpo. As células beta produtoras de insulina são gradualmente destruídas. De acordo com a experiência científica, há uma série de genes envolvidos neste fenómeno. Não estamos a falar de genes mutantes, mas das variedades de genes que se encontram nos organismos de pessoas saudáveis. Mas se certas combinações destas variedades de genes se formarem em crianças, o risco de desenvolver diabetes tipo I aumenta em cerca de dez por cento, e por vezes mais (Lyabakh, 2004; Malakhina, 1999).

Como se sabe, o principal elo de ligação na patogénese da diabetes tipo I é a inflamação nas ilhotas de Langerhans, que leva à destruição das células β e à disfunção de outros tipos de células das ilhotas (são os endocrinócitos de origem endodérmica: células α-, β-, δ- e PP; capilares sanguíneos, terminais simpáticos, eferentes e aferentes do nervo vago, neurónios, células gliais e macrófagos residentes no tecido). Esta inflamação é de natureza autoimune e causa a morte das células β principalmente por apoptose (Kuraeva et al., 2002). A diabetes tipo I pode ser o resultado de um defeito no sistema de vigilância imunológica associado à herança de uma determinada combinação de genes do complexo principal de histocompatibilidade. Foi demonstrada uma clara associação da doença com os genes HLA - B8 e B15 (genes de classe I do complexo de histocompatibilidade); genes DR3 e DR4; DQ B1 e DQ B2 (genes de classe II do complexo de histocompatibilidade). Neste sentido, a determinação destes genes em doentes com diabetes de tipo 1 e nos seus familiares pode servir como marcadores genéticos da doença (Kuraeva et al., 2002).

Entre as crianças com menos de 15 anos, o risco de desenvolver diabetes de tipo I a nível mundial tende a aumentar desde os anos 50 do século XX. A tendência para o aumento foi muito acentuada, especialmente entre as crianças com menos de 5 anos de idade (Effects of genetic..., 2007).

Os dados actuais dos cientistas americanos mostram que, entre 2001 e 2009, o número de crianças com diabetes de tipo 1 aumentou 21 vezes. Este aumento é ainda mais elevado do que na China, onde a incidência de diabetes tipo I entre as crianças de Xangai tem sido tradicionalmente mais baixa no país, em 14,2% por ano entre 1997 e 2011. (Chan et al., 2007).

A frequência de várias formas de anomalias patológicas na saúde humana depende em grande parte das características geoquímicas e climatogeográficas da área, dos costumes e hábitos da população, das condições de trabalho e de vida (Samuelsson et al., 2014). A evidente falta de conhecimento não nos permite esperar uma solução rápida para o problema da condicionalidade ambiental da morbilidade da população. Ao mesmo tempo, uma prevenção adequada e eficaz só pode ser realizada com base em ideias cientificamente sólidas sobre a etiologia e o desenvolvimento da diabetes, as suas características epidemiológicas.

Um dos alegados factores causais do desenvolvimento da diabetes é a poluição atmosférica. Os poluentes atmosféricos são substâncias químicas ambientais que foram diretamente estudadas em relação à diabetes tipo I. A poluição atmosférica associada ao crescimento dos veículos a motor e aos gases de escape do gasóleo é o tipo de poluição atmosférica mais estudado em relação à SD. Alguns tipos de poluição do ar associados aos veículos a motor incluem: dióxido de enxofre (SO2), sulfato (SO4), óxidos de azoto, incluindo monóxido de azoto e dióxido de azoto (NO2), monóxido de carbono (CO), ozono troposférico (O3), hidrocarbonetos aromáticos policíclicos, partículas de escape de gasóleo, etc. (Debost-Legrand, 2016).

Estudos realizados no sul da Califórnia mostraram que as crianças expostas a vários poluentes atmosféricos tinham maior probabilidade de sofrer de diabetes tipo I do que as outras crianças (Howard et al., 2011). Um estudo realizado em 2006 mostrou que, entre as crianças que estavam sob exposição prolongada ao ozono, havia um aumento na incidência de diabetes tipo I. Além disso, foi demonstrado que, sob exposição prolongada à poluição do ar com sulfato (SO4) no corpo das crianças, havia também um aumento na prevalência de diabetes tipo I em comparação com crianças saudáveis. Verificou-se que o efeito do ozono era o mais forte, enquanto outros poluentes atmosféricos, incluindo o dióxido de enxofre (SO2) e o dióxido de azoto (NO2), não estavam associados ao desenvolvimento da diabetes tipo I (Huang, 2016; Jones et al., 2008). A validade destes estudos reside no facto de os investigadores terem medido a exposição aos poluentes atmosféricos desde o nascimento até ao diagnóstico em crianças do sul da Califórnia (Howard et al., 2011).

Estes autores sugerem que o stress oxidativo, que inclui um excesso de radicais livres, poderia ser um dos mecanismos pelos quais os poluentes atmosféricos poderiam afetar o desenvolvimento da diabetes tipo I. Note-se que o ozono e o sulfato podem ter efeitos oxidativos. As partículas transportam impurezas que podem provocar a formação de radicais livres, bem como células do sistema imunitário (citocinas), e podem afetar órgãos sensíveis ao stress oxidativo (Mattsson et al., 2015). As células beta são muito sensíveis ao stress oxidativo, e os radicais livres estão provavelmente envolvidos na destruição das células beta durante a doença da diabetes tipo 1 (Akanuma, 1996).

Estudos realizados no Chile mostram que os níveis de partículas (PM 2,5), bem como certos vírus, foram associados ao aparecimento de diabetes tipo 1 em crianças, sugerindo que os níveis de poluição do ar poderiam estar associados ao diagnóstico de diabetes tipo 1 (Forlenza et al., 2011; Malmqvist et al., 2015). Um estudo efectuado por peritos alemães e italianos concluiu que a exposição intensa a poluentes atmosféricos acelera o início do desenvolvimento da diabetes tipo 1, mas apenas em crianças pequenas (Bodin et al., 2015; El-Morsi et al., 2012).

Novas provas científicas mostram que os efeitos das substâncias químicas ambientais também podem ser transmitidos de uma geração de organismos vivos para a seguinte. Assim, estudos laboratoriais provam que, depois de ratas grávidas terem sido expostas a combustível de avião (um poluente hidrocarboneto; os seres humanos podem ser expostos através de derrames de petróleo ou emissões atmosféricas), este efeito foi encontrado na sua descendência nas três gerações seguintes. Observou-se que na terceira geração de ratos submetidos à experiência (Zhang et al., 2016) havia níveis mais elevados de obesidade do que nas anteriores. O mecanismo não incluía a exposição direta, mas alterações epigenéticas que eram transmitidas através de um fator genético (Vrijheid et al., 2016).

Malmqvist et al. (2013) mostraram que a elevada densidade de óxido nítrico no ar atmosférico estava associada ao desenvolvimento de diabetes em mulheres grávidas residentes na Suécia. Estes estudos examinaram níveis de poluição atmosférica significativamente abaixo das Directrizes de Qualidade do Ar da OMS (WHO). Os autores mostraram que existe um risco de desenvolvimento de diabetes durante a gravidez nas mulheres devido aos efeitos da poluição atmosférica e de outros factores de risco ambientais no seu organismo. Por exemplo, entre as mulheres nascidas em países escandinavos, a relação entre níveis altos e baixos de óxido nítrico e o desenvolvimento de diabetes durante a gravidez. Os autores também identificaram ligações entre o teor de óxido nítrico no ar atmosférico e a pré-eclampsia, ou seja, uma complicação comum em mulheres grávidas com diabetes (Fluegge, 2016).

Estudos realizados por peritos americanos demonstraram que a poluição atmosférica com óxidos de azoto e SO2 e os seus efeitos no corpo das mulheres durante as primeiras semanas de gravidez estavam associados a um risco acrescido de diabetes (Roche et al., 2016). Estudos realizados na Florida concluíram que a exposição ao ozono também estava associada ao desenvolvimento de diabetes durante a gravidez nas mulheres (Liu et al., 2016). Estudos efectuados por cientistas holandeses não encontraram uma associação entre a poluição dos transportes e a diabetes durante a gravidez (Valera et al., 2015).

A exposição ao ozono em mulheres grávidas tem sido associada a um risco acrescido de parto prematuro, especialmente em mulheres que sofrem de diabetes durante a gravidez (Songini et al., 2016). Estudos efectuados por cientistas americanos mostraram que a mortalidade da população por diabetes estava associada ao efeito dos níveis de PM2,5 no ar sobre o seu organismo (mortes por hipertensão e doenças cardiovasculares) (Moltchanova et al., 2009). Estudos efectuados por peritos europeus mostraram também que a maior mortalidade por diabetes estava associada aos níveis de exposição à poluição dos veículos a motor (Ryan et al., 1984). Estudos efectuados na China mostraram que o aumento dos níveis de NO2 e SO2 no ar atmosférico estava associado a uma maior incidência de diabetes nas mulheres e nos idosos (Lin et al., 2013).

Uma revisão da literatura mostrou que um risco acrescido de mortalidade por diabetes tipo I está associado à exposição a níveis elevados de poluentes atmosféricos no corpo da população (Landin-Olsson, 2013).

Poluentes orgânicos persistentes (POPS). O Programa Nacional de Toxicologia Americano (NTP) realizou um seminário para avaliar o papel dos produtos químicos ambientais no desenvolvimento da diabetes, onde os especialistas levantaram a hipótese de que os pops podem contribuir para o desenvolvimento da diabetes tipo I. Assim, estudos de 2010-2016 mostraram que os níveis de PCBs em mulheres grávidas com diabetes tipo

I eram 30% mais altos do que em outras mulheres (Tamayo et al., 2016). Um dos tipos de produtos químicos que eles consideraram foram os POPS. Assim, analisando os resultados dos estudos clínicos, observaram que "a evidência completa é suficiente para a associação direta de alguns HOP com a diabetes tipo I e II. Foi revelada uma forte correlação entre o desenvolvimento da doença DM e complexos HOP, como DE, bifenilos policlorados (PCBs), dioxinas e outros produtos químicos" (Russ et al, 2016).Исследования американских и египетских ученых показали, что в организме у детей с диагностированным СД I типа в крови были более высокие уровни линдана, DDE, DDD и DDA (и более низкие уровни DDT), чем у относительно здоровых детей в контроле (Esser et al., 2016; Rosenbauer et al., 2016).

Os dados obtidos por cientistas sul-coreanos mostraram que os poluentes orgânicos persistentes acima mencionados - substâncias de origem industrial utilizadas na produção de pesticidas, emulsões técnicas, corantes, etc., podem tornar-se uma causa igualmente importante de diabetes, sendo o risco de desenvolver diabetes diretamente proporcional à sua concentração no organismo. O estudo mostrou que as crianças com idades compreendidas entre os 7 e os 9 anos que foram expostas a níveis mais elevados de bifenilos policlorados e β-HCH tinham uma função das células β e uma secreção de insulina inferiores (Kim et al., 2016).

Investigadores da Universidade da Flórida identificaram os efeitos dos pesticidas organoclorados em ratinhos em relação à autoimunidade, tendo-se verificado que o nível de autoanticorpos dependia da dose recebida (Schmidt et al., 2015).

Assim, apesar de a maior parte dos poluentes orgânicos persistentes estarem atualmente proibidos, continuam a estar presentes no ambiente e, entrando na cadeia alimentar, cujo último elo é a pessoa, contribuem para um aumento acentuado da incidência da diabetes.

Poluição ambiental por pesticidas. Os pesticidas incluem muitos produtos químicos diferentes, incluindo herbicidas e insecticidas. Os pesticidas incluem também os organofosforados e organoclorados amplamente utilizados, a atrazina (amplamente utilizada nos Estados Unidos, mas proibida na Europa) e muitos outros. De acordo com os especialistas, está provado que os pesticidas podem contribuir para um aumento da incidência de diabetes tipo I entre a população do continente africano (Battaglia et al., 2015). As populações destes países podem ser mais susceptíveis à exposição a pesticidas devido a uma série de factores diferentes, como a desnutrição, a falta de acesso a cuidados de saúde, a predisposição genética, os níveis de exposição grave a um feto em desenvolvimento durante a gravidez e a crianças pequenas (Benson et al., 2010). Por exemplo, na Bolívia, comparando os efeitos dos pesticidas no corpo da população com grupos de controlo de pessoas que não estavam expostas a este efeito, verificou-se que o risco de desenvolver diabetes estava associado à exposição a níveis mais elevados de pesticidas utilizados em pulverizadores (Haynes, 2012).

Muitos estudos confirmam o facto de os efeitos dos pesticidas organofosforados (FOP) poderem destruir a função da célula β (Howard et al., 2011). No decurso de estudos clínicos, verificou-se que os animais de laboratório que foram sujeitos a FOP têm níveis elevados de açúcar no sangue e um metabolismo de hidratos de carbono prejudicado (Landin-Olsson, 2013).

Estudos realizados na Universidade de Chicago mostraram como o efeito de um fungicida altera o metabolismo do corpo e pode contribuir para o desenvolvimento de diabetes em roedores. Durante um longo período de tempo, o efeito de uma dose baixa do herbicida atrazina levou ao aumento do peso corporal e da resistência à insulina em ratos. O aumento de peso e a resistência à insulina foram encontrados nos ratos que foram alimentados com rações ricas em gordura (Williams, 2003).

Estudos demonstraram que pesticidas como o fungicida e o fluaneto de tolueno, frequentemente encontrados na Europa, provocam a formação de células adiposas, bem como a resistência à insulina nas células adiposas do corpo. Os resultados destes estudos levantaram a questão de saber se este produto químico é um desregulador do sistema endócrino (Samuelsson, 2014). Outras investigações científicas demonstraram que a toluolfluanida altera a função da célula adiposa ao ativar o recetor de glucocorticóides, que desempenha um papel importante no controlo do metabolismo. Este mecanismo pode ser uma nova prova de que os produtos químicos podem causar distúrbios metabólicos e levar ao desenvolvimento de diabetes (Niinistö, 2015). Os ratos expostos à toluolfluanida tiveram um grande aumento de peso, maior massa gorda total, falta de tolerância à glucose e um aumento da resistência à insulina (Persson, 2015).

Exposição à radiação. Estudos efectuados por especialistas mostraram que se registou um aumento da incidência de diabetes tipo I na região de Gomel, na Bielorrússia, após o acidente da instalação nuclear de Chernobyl, em 1986. Os estudos mostraram que a incidência média de diabetes tipo I entre a população residente após uma catástrofe provocada pelo homem era mais elevada do que nos anos anteriores a esse acidente (Knip et al., 2012). Uma análise semelhante realizada na Polónia não revelou um aumento do risco de diabetes entre a população, que também foi exposta a níveis mais elevados de radiação (Dhouib et al., 2016).

Exposição a nitratos e nitritos. É de salientar que, desde a década de 80 do século XX, existem muitos estudos sobre a relação entre os efeitos dos nitratos e nitritos no risco de desenvolvimento de diabetes tipo I no organismo da criança (Beyerlein et al., 2015). Os estudos centraram-se na identificação da relação entre o risco de desenvolver diabetes tipo I na população infantil e a alimentação das crianças com alimentos contaminados com vários nitritos e nitratos (Boguski et al., 1991).

Resultados de investigações recentes na Finlândia e na Alemanha mostraram que a ingestão de alimentos contendo várias quantidades residuais de nitratos e nitritos durante o primeiro ano de vida das crianças estava associada ao desenvolvimento de diabetes de tipo I associada à autoimunidade (Kaminsky, 2015). Verificou-se igualmente que níveis mais elevados de nitratos na água potável estavam por vezes associados ao risco de desenvolver diabetes de tipo 1 na população infantil (Mirsky, 1949), mas nem sempre (Morin, 1978).

Toxinas microbianas. As toxinas microbianas libertadas pelas bactérias podem ser venenosas e contaminar as culturas alimentares, especialmente nas culturas de raízes (no solo). De acordo com os especialistas, por exemplo, a bactéria Streptomyces pode produzir bafilomicina, um antibiótico tóxico imunossupressor (Kondrashova et al., 2014). A libertação destas toxinas pode danificar as células beta, agravar a necrose das células beta e levar ao desenvolvimento progressivo da diabetes (Eze et al., 2015). Estudos laboratoriais demonstraram que, quando são introduzidos níveis baixos de balfilomicina no corpo de ratinhos, a estabilidade da glucose no organismo deteriora-se, observa-se a destruição das células das ilhotas no pâncreas, o que leva a uma diminuição da massa das células beta (Junnila, 2015).

De acordo com os especialistas, a infeção precoce do trato respiratório superior também pode ser um fator de risco para a diabetes tipo I. Uma análise de dados de 148 crianças com uma predisposição genética para o risco de diabetes mostrou que as infecções do trato respiratório superior no primeiro ano de vida estavam associadas a um risco acrescido de desenvolver diabetes tipo I (Akhmedov et al., 2011). Verificou-se que as crianças com infecções respiratórias nos primeiros 6 meses de vida tinham o maior aumento de auto-anticorpos das ilhotas com seroconversão (HR = 2,27), o risco também estava aumentado em crianças com idades entre 6 meses e 1 ano com infecções respiratórias (HR = 1,32). A taxa de seroconversão dos auto-anticorpos das ilhotas foi mais elevada nas crianças que tiveram mais de 5 casos de infecções respiratórias no primeiro ano de vida. Foram demonstradas associações entre a diabetes tipo I e o polimorfismo do gene HLA em populações de muitos povos do mundo. Na Finlândia, onde a incidência de diabetes tipo I é muito elevada, no âmbito do estudo "TRIGR" (Trial to Reduce IDDM in the Genetically at Risk), estão a ser testados recém-nascidos de famílias com um doente com DIABETES tipo 1 (Kimpimaki T. et al., 2001). Os alelos HLA que predispõem à diabetes de tipo 1 também foram estudados em pormenor em russos étnicos (Akhmedov et al., 2011; Zykova et al., 1996).

Assim, tendo em conta o que precede, é possível constatar que a política ambiental nacional e internacional moderna exige uma avaliação quantitativa da saúde humana em todas as regiões e países. Isto é necessário para a identificação competente de problemas de saúde prioritários e para o planeamento de programas de saúde pública a todos os níveis, desde o local e regional ao nacional e internacional. Talvez esta tarefa seja ainda mais relevante no que respeita à chamada saúde ambiental, ou seja, a saúde da população em relação com o estado do ambiente. A este respeito, a questão da influência dos parâmetros ambientais, principalmente da poluição antropogénica, na saúde humana está constantemente a surgir, o que naturalmente requer **uma abordagem quantitativa**. A este respeito, a Organização Mundial de Saúde (OMS) tem vindo a trabalhar há vários anos em listas de indicadores deste tipo. O primeiro resultado concreto foi uma lista de indicadores de saúde da população e do ambiente, utilizada no âmbito do programa Saúde para Todos da OMS. Este trabalho tem sido desenvolvido em vários projectos da OMS, bem como em programas nacionais, regionais e locais para a melhoria da população e do ambiente.

Conclusões sobre o Capítulo 1

Alguns factores ambientais podem ter estado envolvidos no desenvolvimento da diabetes tipo I, mesmo que não sejam responsáveis pelo aumento da incidência da diabetes tipo 1 nas crianças. Um aumento dos factores de risco ou uma diminuição dos factores de proteção pode levar a um aumento da taxa de incidência e, na verdade, muitos factores ambientais diferentes podem interagir para levar à morbilidade.

Os pesticidas também são considerados factores ambientais e são referidos na secção Produtos químicos ambientais. Muito poucos estudos que se centram na diabetes tipo I incluem medições de secreções químicas, ou mesmo mencionam químicos ambientais como possíveis factores no desenvolvimento da doença em geral. No entanto, muitos factores ambientais que têm sido associados à diabetes tipo I podem ser influenciados por secreções químicas, desde vírus, ao sistema imunitário intestinal e até ao aumento de peso.

Assim, o ambiente ocupa um lugar especial na violação dos processos fisiológicos e na formação de manifestações patológicas nos seres humanos. A incidência depende diretamente da qualidade da água, do ar, dos alimentos, do cumprimento das normas sanitárias e de higiene e pode servir de indicador de problemas ambientais.

O constante agravamento da situação ambiental leva a um aumento do número de factores mutagénicos, criando uma base real para o aumento da carga genética, alterando o ritmo do processo de mutação. Investigadores de todo o mundo estudaram muitos dos possíveis factores ambientais que poderiam contribuir para o desenvolvimento da diabetes tipo I. Esta área de investigação ambiental tem demonstrado que os dados são ainda insuficientes, mas a tendência é para um aumento e expansão dos mesmos.

CAPÍTULO 2
MATERIAL E MÉTODOS DE INVESTIGAÇÃO

A escolha das técnicas metodológicas e o âmbito da investigação foram determinados com base na finalidade e nos objectivos.

Para avaliar a situação ambiental na região meridional do Mar de Aral, foram utilizados os materiais de stock do Glavgidrometcenter da República de Karakalpakstan, do Departamento Republicano de Karakalpak "Suuakaba", do Centro Republicano de Karakalpak da Supervisão Sanitária e Epidemiológica do Ministério da Saúde da República de Karakalpakstan, JSC "Karakalpakkishlokhyzhalik", bem como relatórios de instituições de investigação que efectuam a monitorização ambiental na região meridional do Mar de Aral (Comité Estatal para a Ecologia e Proteção da Natureza da República de Karakalpakstan, Instituto de Investigação Científica de Karakalpak de Ciências Naturais da Delegação de Karakalpak da Academia de Ciências da República do Usbequistão).

A análise do habitat das crianças e adolescentes nascidos e residentes na região sul do Mar de Aral foi realizada com base na recolha e tratamento de informações ecológicas e higiénicas sobre a composição e a gravidade dos factores ambientais adversos, de acordo com o Laboratório de Ecologia do Centro Republicano de Supervisão Sanitária e Epidemiológica do Ministério da Saúde da República de Karakalpakstan.

A qualidade do ar atmosférico foi estudada com base nos dados fornecidos pelo Glavgidrometcenter da República de Karakalpakstan. O cálculo das cargas territoriais anuais de pesticidas por distritos foi efectuado de acordo com a recomendação metodológica "Estudo dos efeitos dos pesticidas e dos reguladores de crescimento das plantas na saúde da população" (1985).

A presença de pesticidas no solo, na água e nos alimentos foi determinada por cromatografia em camada fina. As análises foram efectuadas no Departamento de Ecologia do Instituto de Investigação de Karakalpak de Medicina Experimental e Clínica do Ministério da Saúde da República do Uzbequistão. Expressamos a nossa profunda gratidão aos funcionários do referido departamento.

Além disso, os estudos de expedição foram efectuados com base no Laboratório Móvel de Monitorização Ambiental do Instituto de Investigação Científica Karakalpak de Ciências Naturais do KKO da Academia de Ciências da República do Uzbequistão. No decurso da investigação, foram utilizados métodos modernos de análise de parâmetros ambientais, regulados por documentação regulamentar aprovada de acordo com o procedimento estabelecido para a monitorização e o controlo ambiental. Todas as amostras de água e solo foram colhidas de acordo com as normas GOST estabelecidas, os valores foram comparados com as normas.

O trabalho também utilizou documentos normativos sobre a qualidade do ambiente: Normas e regras sanitárias "Para a proteção do ar atmosférico em áreas povoadas da República do Uzbequistão" (SanPiN RUz No. 0006-93), a Norma Estatal do Uzbequistão "Água potável" Requisitos higiénicos e controlo de qualidade (O'ZDST 950:2011- Água potável), a Norma Estatal do Uzbequistão "Fontes de abastecimento centralizado de água potável doméstica" Requisitos higiénicos, técnicos e regras de seleção (O'ZDST 951:2000), Regras sanitárias para a utilização de águas residuais urbanas pré-tratadas no abastecimento de água industrial (SanPiN RUz n.º 0216-06), Normas higiénicas (SanPiN n.º 0015-94).

De acordo com a diferenciação territorial da República de Karakalpakstan (Reimov, Konstantinova, 1993), identificámos regiões do norte - áreas de risco ambiental - Muynak, Takhtakupyr e Kungrad, Shumanai, Kanlykul; regiões centrais - possível risco ambiental - Nukus, Kegeili, Chimbai, Karauzyak, Khodzheli, bem como regiões do sul - áreas com as condições de vida ecológicas mais ideais são Amudarya, Beruni, Ellikkalinsky e Turtkul (Fig.1).

Fig. 1. Diferenciação territorial das regiões da República de Karakalpakstan (Reimov, Konstantinova, 1993)

Foram analisados 732 casos de diabetes tipo I em crianças, 463 em adolescentes e 269 em adolescentes, no período de 2000 a 2015. Destes, havia 384 meninos (52,3%), 348 meninas (47,7%).

O primeiro grupo de estudos consistiu em 120 casos de diabetes tipo I em crianças e 64 casos de adolescentes que vivem nas regiões do sul da região do Mar de Aral, pertencentes a territórios com uma condição ecologicamente favorável.

O segundo grupo de estudos foi formado por indicadores de 165 casos de diabetes tipo I em crianças e 85 casos em adolescentes de 2 zonas que fazem parte de territórios com uma condição ambiental relativamente desfavorável.

O terceiro grupo de estudos incluiu indicadores de 178 casos de diabetes tipo I em crianças e 120 casos em adolescentes que vivem em zonas do norte com condições ambientais desfavoráveis.

A metodologia de investigação baseia-se nos princípios internacionais de organização e realização de investigação médica e ambiental. Para analisar a tendência dos indicadores de morbilidade, foram calculados o aumento e a diminuição absolutos, a taxa de crescimento e a taxa de diminuição. Para uma comparação correcta da morbilidade, foram tidos em conta os coeficientes de morbilidade padronizados por padronização direta, em que a morbilidade foi considerada para uma população humana padrão.

As características ambientais tiveram em conta o número de diferentes emissões de poluentes para o ar atmosférico dos territórios a partir de fontes fixas, a quantidade de pesticidas introduzidos no solo e a quantidade de poluentes nas águas residuais descarregadas em reservatórios abertos, bem como o estado da qualidade da água potável utilizada pela população de Karakalpakstan.

Na primeira fase da investigação, como resultado da monitorização ambiental a longo prazo do estado do ambiente e dos indicadores de morbilidade dos grupos populacionais estudados, foram estabelecidas as peculiaridades da situação ambiental na região do Sul do Mar de Aral, que incluem a poluição significativa do ar atmosférico, da água potável, dos terrenos agrícolas, das massas de água com águas residuais domésticas e domésticas (Ataniyazova et al., 1998; Zhakypova et al., 2000; Zhumamuratov et al., 2005; Mambetullayeva, 2004).

Para comprovar o efeito quantitativo dos poluentes antropogénicos na morbilidade de adultos e crianças com diabetes tipo I, foram construídos modelos matemáticos com o cálculo do coeficiente de determinação (R2) que reflecte a proporção de influência de cada fator poluente (Iberla, 1980; Varaksin, 2006).

A expressão geral da equação de regressão múltipla tem a forma: ***y***

$= b_0 + b\, x_{11} + b\, x_{22} + \ldots\, b\, x_{mm}$ (2.2)

em que bí são estimativas dos coeficientes de regressão.

O índice no coeficiente corresponde ao índice da variável que está a ser explicada. Assim, o indicador da magnitude média das variações quando x1 varia uma unidade, desde que as outras variáveis se mantenham inalteradas, ou seja, indica os correspondentes efeitos parciais médios das variáveis, assumindo que as restantes variáveis explicativas se mantêm a um nível constante; b0 é a função de alinhamento.

A variância total (S) da variável dependente na análise de regressão é decomposta em 2 componentes: a variância devida aos factores actuantes incluídos na regressão (Sr) e a regressão residual (Sl), constituída pela variância associada à ação de variáveis explicativas não envolvidas na análise e pela variância causada por erros aleatórios das observações:

$$S = S_r + S_l \quad (2.3)$$

$$\sum_{i=1}^{n} (y_i - y)^2 = \sum_{i=1}^{n} (\hat{y}_i - y)^2 + \sum_{i=1}^{n} (y_i - \hat{y}_i)^2 \quad (2.4)$$

$R^2 = S_r / S$ - é o coeficiente de determinação.

Desempenha duas funções: a primeira reflecte a proporção da variabilidade devida à regressão na variância total da variável dependente; a segunda é um critério para a qualidade da regressão.

Se o R2 for estatisticamente significativo, então a equação de regressão calculada reflecte a relação real entre a caraterística analisada e o conjunto de variáveis explicativas.

Foi utilizada uma transformação especial para determinar a significância de R2. Note-se outra propriedade do coeficiente de determinação múltipla - é igual à soma dos produtos dos coeficientes de regressão normalizados (bí) e dos coeficientes de correlação (rí) (Iberla, 1980; Varaksin, 2006).

Os termos desta soma são estimativas quantitativas das contribuições de cada fator para a formação de uma variável dependente. Se algum termo for significativo em magnitude, então a variável correspondente tem uma contribuição maior para a definição da regressão e absorve uma parte significativa da variância da caraterística demográfica analisada.

Os indicadores obtidos desta forma são comparáveis, o que permite comparar a força da influência de um mesmo fator no desenvolvimento da incidência da diabetes tipo 1. As estimativas quantitativas obtidas através da análise multifatorial, caracterizando a força da influência constelacional dos factores no desenvolvimento do processo patológico na incidência da diabetes tipo 1, permitem prever o nível desta nosologia com suficiente precisão.

O coeficiente de determinação é utilizado como uma caraterística da proporção de variação na variância total devida à influência do fator x no caso de regressão linear (Iberla, 1980; Varaksin, 2006).

Na análise e previsão de vários fenómenos, a análise de clusters é frequentemente utilizada com descrições multidimensionais (um objeto ou fenómeno com um grande número de características). A análise de clusters exprime mais claramente as características da análise multidimensional na classificação. O principal objetivo da análise de clusters é dividir o conjunto de objectos e características em estudo em grupos homogéneos ou clusters. A grande vantagem da análise de clusters é que permite dividir os objectos não por um parâmetro, mas por todo um conjunto de características. A análise de clusters não impõe restrições ao tipo de objectos em consideração e permite analisar uma variedade de dados de origem de natureza quase arbitrária.

O autor fez um grande trabalho de sistematização, generalização, processamento estatístico de dados factuais durante um longo período de tempo sobre a morbilidade geral da população da região do Mar de Aral e de grupos nosológicos individuais.

A análise hidroquímica da água foi realizada no laboratório de ecologia microbiana e no Laboratório de Hidroquímica e Hidrobiologia do Instituto de Investigação Científica Karakalpak de Ciências Naturais do KKO da Academia de Ciências da República do Uzbequistão, de acordo com a metodologia geralmente aceite descrita por N.S.Stroganov, N.S.Buzinova (1980), Yu.Yu. Lurie (1984), Yu.V. Novikov et al. (1990), e também no Manual on the Chemical Analysis of Land Surface Waters (1977).

Foram igualmente utilizados documentos normativos e metodológicos: SanPiN RUz n.º 0067-96 "Critérios higiénicos para a qualidade da água potável", Orientações metodológicas sobre a zonagem ecológica e higiénica do território da República do Usbequistão de acordo com o grau de perigo para a saúde pública (Effects..., 2007), etc.

Foram utilizados métodos paramétricos (valor médio, assimetria, curtose, erro médio, valores máximos e mínimos, comparação de médias com variâncias iguais com cálculo do critério de Student, análise de variância, métodos de regressão e correlação). Software Microsoft Excel e Statistica 6.0 para Windows.

Conclusões sobre o capítulo 2

Este capítulo descreve os métodos utilizados para a investigação científica do trabalho de dissertação. O trabalho utiliza métodos ecológicos, fisiológicos, bioquímicos, biométricos, métodos de análise fatorial, modelação matemática.

CAPÍTULO 3
AVALIAÇÃO AMBIENTAL DA ZONA DE INVESTIGAÇÃO

3.1. Características físicas e geográficas do domínio de investigação

A crise ecológica da bacia do Mar de Aral é um dos maiores exemplos de impactos ambientais negativos no planeta, que abrangeu toda uma sub-região na segunda metade do século XX. As consequências da crise do Mar de Aral para os Estados da Ásia Central foram identificadas por peritos internacionais como uma catástrofe ambiental global do século XX, cuja escala das possíveis consequências ainda não foi totalmente percebida atualmente. O problema da catástrofe ambiental na bacia do Mar de Aral é de carácter global e a sua solução é urgente. Considerando que a situação ambiental extrema na região do Mar de Aral tem um impacto negativo no habitat natural e nas condições de vida de milhões de habitantes não só da bacia do Mar de Aral, mas também de outras regiões do nosso planeta. As suas consequências continuam a ser o principal fator de desestabilização da situação ambiental na região.

Nos últimos 35-40 anos, o nível do Mar de Aral diminuiu 29 m, a área da zona aquática diminuiu mais de 5,8 vezes, o volume de água diminuiu de 1064 para menos de 80 km3, a salinidade da água atingiu 110-112 g/l na parte ocidental e 280 g/l na bacia oriental. O Mar de Aral transformou-se praticamente numa massa de água sem vida. A área do fundo drenado do Mar de Aral ascende atualmente a mais de 6,8 milhões de hectares. Neste contexto, a intensidade e a frequência das tempestades de poeira aumentam todos os anos. Mais de 80 a 100 milhões de toneladas caem anualmente nas terras irrigadas do curso inferior dos rios Amu Darya e Syr Darya. toneladas de sal e areia (Razakov et al., 2004). Como resultado, o processo de desertificação está a progredir, a composição de espécies do mundo animal e vegetal está a diminuir, a situação sanitária na região do Mar de Aral está a deteriorar-se, as doenças infecciosas e outras estão a aumentar, as terras irrigadas estão a ser removidas da rotação de culturas, o rendimento das culturas está a diminuir, etc.

Atualmente, é utilizada uma vasta gama de indicadores ambientais na preparação de materiais analíticos sobre o estado e a proteção do ambiente. A lista nacional elaborada para o Uzbequistão inclui 91 indicadores ambientais, 68 dos quais são indicadores internacionais geralmente aceites e 23 reflectem as peculiaridades do estado ecológico do país.

Um indicador ambiental (indicador ecológico) é um parâmetro ou valor que descreve o estado do ambiente e o seu impacto sobre os seres humanos, os ecossistemas e os materiais, as cargas sobre o ambiente natural, as forças motrizes e as respostas que controlam este sistema. O indicador é criado durante o processo de seleção ou de agregação para que as pessoas possam controlar as acções (Dicionário da Agência Europeia do Ambiente).

Com base nos indicadores desenvolvidos, foi efectuada uma análise do estado atual do ambiente da região do Mar de Aral com base em indicadores ambientais nacionais. A região é caracterizada por uma variedade de zonas paisagísticas e climáticas, incluindo o planalto de Ustyurt, o Mar de Aral, os deltas moderno e antigo do Amu Darya e o deserto de Kyzylkum. A posição meridional e o afastamento dos oceanos, combinados com as características das superfícies subjacentes, formam um tipo de clima acentuadamente continental na região, caracterizado por flutuações significativas das temperaturas do ar, verões prolongados, secos e quentes, primaveras húmidas e invernos instáveis.

Os dados de monitorização do clima no território do Usbequistão mostram uma tendência constante de aquecimento, cuja taxa excede 0,2°C por década, o que é mais de 40% superior à taxa média de aquecimento no hemisfério norte.

O aquecimento global do clima leva a uma intensificação do ciclo hidrológico - um aumento da evaporação, mais precipitação. O processo de secagem do Mar de Aral afecta negativamente a alteração das condições climáticas da região do Mar de Aral. Anteriormente, o Mar de Aral actuava como uma espécie de regulador, suavizando os ventos frios que vinham da Sibéria no inverno e reduzindo o calor nos meses de verão, como um enorme aparelho de ar condicionado (Kabulov, 1997).

Com as alterações climáticas, os Verões na região do Mar de Aral tornaram-se mais secos e mais curtos e os Invernos mais longos e mais frios. De acordo com as estimativas da situação climática no plano de previsão, até 2035, a temperatura do ar na região pode aumentar 1,5-3,00 C. Tanto as fontes naturais como as antropogénicas de poluição desempenham um papel importante na formação da composição qualitativa e quantitativa do ar atmosférico na região do Mar de Aral.

A região do Mar de Aral está localizada na zona árida, em cujo território existem fontes naturais em grande escala de emissões de aerossóis para a atmosfera, como os desertos de Karakum e Kyzylkum, com as suas frequentes tempestades de poeira, bem como a zona do Mar de Aral, com a parte encolhida do Mar de Aral (Aralkum). A bacia do Mar de Aral está a sofrer um duplo processo de desertificação. Um deles deve-se à secagem do Mar de Aral, o segundo deve-se ao alagamento artificial de terras mal drenadas.

Como resultado, formou-se um outro deserto de Aralkum no centro da grande faixa desértica, cujo perigo reside no facto de ser um pântano salgado contínuo constituído por sedimentos marinhos finos e restos de depósitos minerais lavados de campos irrigados. O fundo do mar, que era uma espécie de estação de dessalinização no seu estado natural, actua agora como um vulcão artificial antropogénico, libertando enormes massas de sais e poeiras finas para a atmosfera. O transporte eólico de areia e sal da parte seca do Mar de Aral tornou-se um fator negativo significativo que afecta o ambiente natural da região.

De acordo com as características físico-geográficas, edafo-climáticas e geobotânicas da região estudada, podem distinguir-se três territórios ecogeográficos (distritos): Nizhneamudarya, Yuzhnoustyurt e Kyzylkum. Apesar de cada território se caraterizar por uma variedade de estrutura geológica e paisagem, clima e regime hídrico, flora e fauna, bem como por uma intensidade diferente do fator antropogénico, em geral apresentam características semelhantes de estrutura e dinâmica, história de formação, condições ambientais específicas devido à sua localização na fronteira norte da zona desértica e perto do Mar de Aral e do Delta do Amu Darya. O Delta do Amu Darya e o antigo Mar de Aral tiveram e têm um impacto nos desertos de Kyzylkum, Zaunguz Karakum e Ustyurt, criando uma mesofilicidade e hidrofilicidade pronunciadas das biocenoses.

O distrito de Nizhneamudarya faz fronteira com o planalto de Ustyurt a oeste, Kyzylkum a leste, Zaunguz Karakum a sul e o Mar de

Aral a norte. Caracteriza-se por um terreno plano, situado inteiramente na zona desértica. De acordo com a natureza da combinação de paisagens em termos hidrológicos e edafo-botânicos, divide-se em secções meridionais (Khorezm-Turtkul), setentrionais (Chimbay-Turtkul) e Primorsky.

O distrito de Kyzylkum é representado por um deserto arenoso, principalmente de carácter plano, com pequenas elevações de idade Terciária-Cretácea. Este distrito inclui os distritos de Sultanuizdag, Beltau e Severo-Kyzylkum.

O distrito de Ustyurt do Sul situa-se no extremo noroeste do Usbequistão e faz parte da zona temperada da Ásia pelas suas características naturais. De acordo com as condições climáticas e edafo-geobotânicas, divide-se em Assakeaudan, Kosbulak e Churuk.

O vale e o delta do Amu Darya são uma enorme planície aluvial situada no curso inferior do rio, desde o desfiladeiro de Tuyamuyun até ao Mar de Aral. A norte, faz fronteira com o Mar de Aral, a oeste com a fenda de Ustyurt, a sul com as montanhas Zaunguz Karakum e a bacia de Sarykamysh e a leste com o deserto de Kyzylkum. De acordo com o complexo de condições físicas e geográficas, as zonas inferiores do Amu Darya diferem significativamente dos desertos arenosos e de gesso circundantes. A vasta área do vale e do delta do Amu Darya é formada por depósitos aluviais-lacustres, com 365 km de comprimento, até 319 km de largura (até à bacia de Sarykamysh), com uma área total de 45200 km2 (Kabulov, 1997).

Geomorfologicamente, este território representa o antigo delta do Amu Darya, que no Cabo Takhiatash passa para o moderno Mar de Aral. No sul, a altura absoluta é de 100-110 m, no norte, junto ao mar, é de -54 m. O relevo da planície é por vezes perturbado pelas raras colinas remanescentes de Kubetau, Dzhumurtau, Porlytau, Kushkanatau, Beltau, bem como pelos antigos leitos dos rios Daryalyk e Daudan (profundidade até 5-8 m, largura até 300 m), lagos, depressões lacustres secas.

De acordo com dados a longo prazo, a temperatura média em janeiro é de -4 -50, ou seja, 2,5-3,50 mais elevada do que nas regiões setentrionais, o inverno é quase um mês mais curto, o mínimo absoluto é de -260, o verão é quente, o máximo absoluto é de 42,60. De acordo com a quantidade de precipitação, estas áreas encontram-se entre as regiões mais secas da Ásia Central. Em média, caem cerca de 80 mm de precipitação por ano, principalmente sob a forma de chuva na primavera e no outono. A cobertura de neve é extremamente instável e dura menos de 10 dias em alguns meses de inverno.

A base do coberto vegetal das zonas cultivadas dos oásis e do vale do Amu Darya é constituída por culturas agrícolas (algodão, arroz, milho, luzerna, melões, etc.), plantações de jardins e parques florestais, tipos irreversíveis de vegetação selvagem perto de formações naturais. Encontram-se os seguintes grupos de vegetação: tugai, salina, psammofílica arbustiva, halófita e hidrófita (caniço, taboa, junco). As formações de sapal desenvolvem-se nos pântanos salgados, na periferia dos lagos salgados: sarsazan, soleros, tamarix e pickles anuais, cereais. O coberto vegetal das montanhas Zaunguz Karakum adjacentes ao oásis é constituído principalmente por formações xerofíticas (saxaul, Cherkez, kandym, acácia arenosa, éfedra, absinto, astrágalo e alguns solyanka, efemera e efemeroides). Nas zonas húmidas e depósitos desenvolvem-se diversas associações de prados. Ao longo das margens dos lagos crescem juncos, taboas, vários juncos, veinik, grebe e outros componentes comuns do tugai herbáceo.

O mundo animal é pobre, existem os mesmos mamíferos que na parte norte do curso inferior, mas muito mais raros: javali, chacal, raposa, texugo, furão ligeiro, rato almiscarado está bem aclimatado. Há muitas aves aquáticas, mas a maior parte delas são migratórias.

No passado recente, os lagos do delta do Amu Darya representavam um único sistema hídrico formado pelas águas das cheias. Os contornos dos lagos são instáveis e sujeitos a mudanças contínuas e rápidas, uma vez que, na maioria dos casos, não têm margens, a superfície de água aberta é rodeada por canas que crescem na água (Reimov, 1997; Reimov et al., 2000).

Nos anos 50, o delta costeiro do Amu Darya era constituído por 4 partes: sul, relativamente afastado do mar (área terrestre de 697 km2 ou 69%); leste (área terrestre de 937 km2); oeste (923 km2); central (335 km2).

Nos últimos anos, a área do delta moderno mudou radicalmente. A regulação do caudal do Amu Darya e do Syr Darya, a expansão intensiva das terras irrigadas para algodão e arroz, a redução dos caudais anuais destes rios agravaram ainda mais o regime hidrológico do Mar de Aral e dos deltas dos rios, conduziram a uma diminuição significativa do nível do mar e à secagem prática do delta do Amu Darya (Rogov, 1968). Em 1963, a área da superfície de água aberta dos reservatórios do delta era de 98 mil hectares. A redução subsequente do caudal do Amu Darya e a descida do nível do Mar de Aral levaram à secagem de mais de 40 lagos com uma área total de 50 mil hectares (Bakhiev, 2001).

Atualmente, todos os reservatórios do arquipélago de Karabailinsky e os sistemas lacustres de Bozatau e Karadzhar estão quase secos. Devido à descida do nível do Mar de Aral, as baías de Muynak, Sarbass e Abass secaram, o que levou a uma redução significativa das zonas de desova. As belas terras de ratos-almiscarados do curso inferior do Amu Darya, onde mais de 1 milhão de peles de ratos-almiscarados eram colhidas anualmente em 1956-1957, secaram completamente. A partir de 1977-1978, devido ao reduzido número de ratos-almiscarados, a colheita não é efectuada.

A deterioração do regime hidrológico e o desenvolvimento do território conduziram não só à redução das áreas ocupadas por florestas de tugai e caniçais (a área de tugai diminuiu mais de 3 vezes e a de caniçal 8-10 vezes), mas também à substituição das hidrófitas por xerófitas e halófitas. Ao longo das margens do Amu Darya, predominam nas planícies aluviais as associações turangil-loch, os arbustos e os semi-arbustos. Isto cria condições favoráveis para o habitat de uma variedade de animais, incluindo mamíferos. Há javali, texugo, chacal, gato-do-mato, lebre, doninha, doninha-das-estepes, raposa. Há especialmente muitas aves aquáticas, tanto nidificantes como migratórias. O rato almiscarado aclimatou-se bem.

A formação do relevo de Kyzylkum foi grandemente influenciada pela meteorização, precipitação e outros factores climáticos. Nos desertos arenosos, estão disseminados os matagais psammofílicos-lenhosos-arbustivos constituídos por saxaul preto e branco, cherkez, juzgun, acácia arenosa, etc. O absinto, o boyalysh, o teresken e alguns tipos de salinas são comuns (Reimov, 2000). Nos desertos, os mamíferos são geralmente dominados por roedores: esquilos terrestres, gerbos. Entre as aves, encontram-se a toutinegra do deserto, o gaio comum, o tentilhão do deserto e o pardal do deserto. Os répteis são numerosos.

Ustyurt ocupa uma área de cerca de 200 mil km2, situada entre os mares Aral e Cáspio. Situa-se a uma altitude de 50-280 m acima das terras baixas circundantes e do Mar de Aral. O planalto é delimitado por altas falésias ou fendas. A sua superfície é composta por depósitos sarmatianos. A parte Karakalpak de Ustyurt tem mais de 7 mil km2. Trata-se de uma vasta planície cortada por falésias e depressões, as maiores das quais - as depressões de Assakeaudan e Barsakelmes - situam-se abaixo do nível do mar. Até ao antigo Mar de Aral, o planalto rompe-se em encostas íngremes (90-100 m, por vezes até 240 m de altura absoluta). A partir do Cabo Urga, a fenda segue para sul ao longo da costa ocidental da antiga bacia de Aybugir. No lado sul da chinka encontram-se a depressão de Sarykamysh, a colina de Kaplankyr e o antigo leito do Amu Darya Uzboy.

O clima de Ustyurt é acentuadamente continental, a precipitação cai 90-120 mm por ano. Os Verões são longos e quentes e os Invernos são frios. O vento é maioritariamente de leste, a velocidade média é de 5-6 m/s, chegando por vezes a 20 m/s. A temperatura média anual é de 8-120ºC. Na parte norte do planalto, em janeiro, a temperatura média desce para -8 a -100, no sul - para -5-60. A temperatura máxima do ar em julho é de 45-480, a mínima em janeiro é de 36-380, a temperatura média mensal do ar é de 24-270, a humidade relativa é de 50-85%.

A distribuição das precipitações varia sazonalmente. Prevalecem nos meses de primavera e de inverno. Há uma média de 1,5 meses de chuva por ano e observa-se anualmente uma cobertura de neve. A sua duração depende da temperatura do ar. A cobertura de neve raramente persiste durante todo o inverno, formando-se por vezes gelo.

3.2. O estado da qualidade das fontes de abastecimento de água potável e doméstica

Na região do Sul do Mar de Aral (República de Karakalpakstan) formou-se um conjunto complexo de problemas ambientais que, de certa forma, afectam a saúde da população. A situação atual exige uma transição para uma nova estratégia de escolha ativa e correcta de soluções que previnam as consequências negativas da crise ambiental na região. A população da República de Karakalpakstan é de cerca de 1,7 milhões de pessoas, 50% das quais são mulheres, 32% são crianças com menos de 14 anos de idade.

O Governo da República do Usbequistão presta especial atenção à expansão da proteção social da população, sobretudo das mulheres e das crianças.

O problema mais urgente e agudo, do ponto de vista da garantia da segurança ambiental da República, é a escassez e a poluição dos recursos hídricos. O abastecimento de água destas regiões baseia-se nas águas superficiais e subterrâneas da bacia do rio Amu Darya. No entanto, a qualidade da água fornecida à população através da rede de abastecimento de água na República de Karakalpakstan não cumpre as normas relativas à água potável em 30%, e em algumas zonas, como Takhtakupyrsky ou Nukussky, este valor atinge 95%. E zonas como Shumanai, Amudarya, Beruniysky estão cobertas pelo abastecimento centralizado de água em apenas 25 - 28%.

Os estudos sanitários e higiénicos realizados pelos organismos territoriais da Supervisão Sanitária e Epidemiológica do Estado confirmam que os elevados níveis de mineralização da água potável contribuem para o desenvolvimento de uma série de doenças, como a urolitíase ou doenças do aparelho urinário. Na República de Karakalpakstan, os indicadores de doenças do sistema urogenital têm sido várias vezes superiores à média nacional nos últimos anos (Madreimov, 2004).

A má qualidade da água potável na região tem um impacto no crescimento de doenças infecciosas entre a população, a maioria das quais são infecções intestinais agudas. A taxa de incidência em Karakalpakstan excede a média do Uzbequistão em 11,2%.

O rio Amu Darya, que é a única fonte de água doce da região, está totalmente poluído. Na bacia do rio formam-se 0,46 km3 de águas residuais industriais, 0,37 km3 de águas residuais municipais, cerca de 0,30 km3 de colectores e drenagem, 0,23 km3 de águas residuais agrícolas e 2,3 km3 de produção de energia térmica. 8,5 km3 de coletor-drenagem, 0,9 km3 de águas residuais industriais, 0,2 km3 de águas residuais municipais são desviados diretamente para o Amu Darya e seus afluentes, a eliminação de águas residuais agrícolas é de 0,125 km3 (Mambetullayeva, 2004; Razakov et al., 2004; Chembarisov et al., 2005). Em frente ao reservatório de Tuyamuyun (na formação Dargan-Ata), a mineralização da água tem flutuado constantemente de 0,6,0-1,8 g/l nos últimos 10 anos. A dureza varia de 6-18 mg.eq/l. Os elementos biogénicos, os compostos de azoto (NH+4, NO-3, NO-2) e o fósforo provenientes do escoamento agrícola registam valores máximos no final da primavera e no início do verão (Mambetullayeva, 2004; Chembarisov et al., 2005). A concentração máxima de poluentes para o período 2010-2015 foi no ponto Nukus: azoto amoniacal 0,04 mg/l (0,2 MPC); azoto nitrito 12,3 mg/l (4,1 MPC); cobre 2,4 mg/l (2,4 MPC); fenóis 0,3 mg/l (3,0 MPC); mineralização 1800 mg/l (1,8 MPC); produtos petrolíferos 0,18 mg/l (1,8 MPC).

De referir ainda que, no período 2010-2016, a concentração máxima de poluentes no ponto Termez foi de: fenol 0,2 mg/l (2,0 MPC); produtos petrolíferos 0,12 mg/l (1,2 MPC); azoto, nitrito 6,0 mg/l (2,0 MPC). E a concentração máxima de poluentes no ponto Nukus é: fenol 0,3 mg/l (3,0 MPC); produtos petrolíferos 0,64 mg/l (6,4 MPC); azoto nitrito 4,8 mg/l (1,6 MPC); cobre 4,3 mg/l (4,3 MPC); mineralização 1800 mg/l (1,8 MPC); azoto amoniacal 0,04 mg/l (0,2 MPC). Ou seja, registou-se uma deterioração da qualidade da água do rio em 2001 em comparação com 2000, devido ao baixo teor de água do rio Amu Darya (Chembarisov et al., 2005).

A qualidade das águas de superfície está também a deteriorar-se significativamente devido ao retorno ao rio, a partir de terras irrigadas, de águas com maior mineralização, contaminadas com pesticidas e fertilizantes inorgânicos, bem como de descargas de efluentes industriais e domésticos não tratados e insuficientemente tratados, provenientes das zonas superior e média do rio Amu Darya. Por conseguinte, a qualidade da água potável não cumpre, em grande medida, as normas.

O desenvolvimento generalizado e generalizado da agricultura e a utilização irracional dos recursos hídricos nas Repúblicas do Uzbequistão e do Turquemenistão nos últimos anos têm afetado cada vez mais a escassez de água. A disponibilidade e a qualidade dos recursos hídricos estão a tornar-se um fator determinante para um maior desenvolvimento nas zonas inferiores do Amu Darya.

Em 2000, foram descarregados 278,0 milhões de m3 do território de Karakalpakstan para o Amu Darya e, em 2001, o volume de descarga ascendeu a 185,7 milhões de m3, o que é significativamente inferior ao do ano anterior devido ao baixo teor de água do rio. A maior descarga de águas colectoras e de drenagem que poluem o Amu Darya é a albufeira de Beruniysky, a partir da qual foram descarregados no rio 159,4 milhões de m3 de águas subterrâneas em 2001, menos 74,1 milhões de m3 do que em 2000 (Konstantinova et al., 1999; 2001).

O clima quente e acentuadamente continental da região meridional do Mar de Aral agrava as condições de vida da população e constitui a base de um complexo de doenças associadas ao fator água, uma vez que, num clima quente, o consumo de água aumenta 8 a 10 vezes.

De acordo com o Centro Republicano de Supervisão Sanitária e Epidemiológica do Estado do Ministério da Saúde da República de Karakalpakstan, a não conformidade da água potável com os padrões higiénicos para o período de 2000 a 2016 foi observada de 31,3 a 53,2% das amostras para indicadores químicos e de 12,5% a 31,1% para indicadores microbiológicos (Tabela 1).

Quadro 1

Conformidade da qualidade da água potável com os requisitos sanitários para a República de Karakalpakstan (de acordo com o RC GSEN do Ministério da Saúde da República do Cazaquistão)

Anos	**Química**		**Biológico**	
	Número total de pesquisas.a mostras de água	% não satisfaz os requisitos	Número total de pesquisas. amostras de água	% não satisfaz os requisitos
2000	1569	53,2	1229	24,0
2005	1290	39,1	897	12,5
2010	1230	39,4	723	27,2
2011	1127	43,5	716	31,1
2012	978	31,3	618	25,2
2014	863	48,7	428	32,3
2015	720	45,4	321	31,1
2016	850	44,2	248	30,4

O estado das fontes superficiais e subterrâneas de abastecimento centralizado de água potável em 2010, 2013-2015 e a qualidade da água nos locais de captação não sofreram alterações significativas e continuam a ser pouco satisfatórios.

As condutas de água rurais, em regra, têm uma produtividade baixa, estão frequentemente em mau estado, funcionam de forma irregular e fornecem água de baixa qualidade. A percentagem de amostras de água que não cumprem as normas de higiene relativas aos indicadores microbiológicos para as condutas de água com fontes subterrâneas é de 7,0%, para a água proveniente de reservatórios abertos - 4,6%, para os indicadores sanitários e químicos - 15,% e 27,7%, respetivamente.

Um dos factores mais importantes que afectam a saúde da população é a qualidade da água potável fornecida. Atualmente, cerca de 68% da população da República de Karakalpakstan dispõe de abastecimento de água centralizado, dos quais 77,7% nas cidades e 39% nas zonas rurais. Uma parte significativa da população (cerca de 47%) utiliza água de poços não estabilizados para beber, 23% da população utiliza fontes de água superficiais poluídas (Zhumamuratov, 2005).

Nas condutas que fornecem água de fontes superficiais, a percentagem de desvios de qualidade da água em alguns anos atingiu 38% em termos químicos e 43% em termos bacteriológicos. Mais de 90% da população rural de Karakalpakstan utiliza água da rede de irrigação na primavera e no verão, e no inverno - água de poços escavados ao longo do leito seco de um rio, 80% dos poços utilizados pela população rural não cumprem os requisitos sanitários (Kurbanov et al., 2002).

Considerando a dinâmica do número de amostras de água de reservatórios abertos em várias regiões da República de Karakalpakstan que não cumprem os requisitos higiénicos para os parâmetros químicos, pode notar-se que, durante o período de 2006 a 2015, foram observadas flutuações significativas na proporção de amostras não normalizadas de reservatórios abertos em todas as regiões de Karakalpakstan (Fig.2).

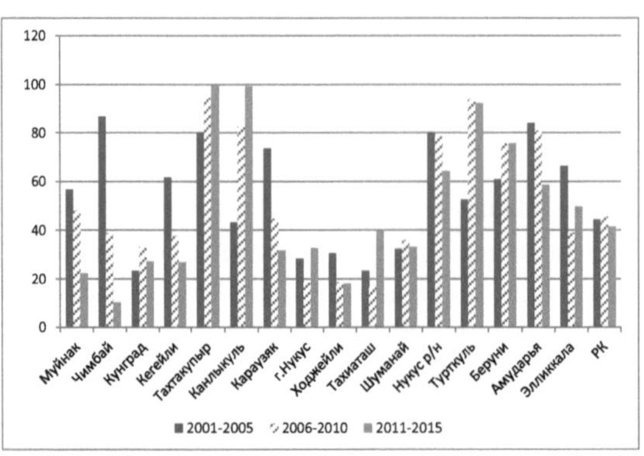

Fig.2. Peso específico de amostras de água de reservatórios abertos em várias regiões da República de Karakalpakstan que não cumprem os requisitos higiénicos para parâmetros químicos (em %) (de acordo com o RC GSEN do Ministério da Saúde da República do Cazaquistão)

A análise mostrou que, durante o período de 2001 a 2005, o número máximo de amostras que não atendiam aos requisitos de parâmetros químicos foi observado nos distritos de Chimbay, Karauzyak, Takhtakupyr, Amudryinsky e Ellikkalinsky da República de Karakalpakstan (até 80-86%), e o nível mínimo de amostras foi observado nos distritos de Khojeli, Shumanai e Nukus (de 23 a 32%). Em seguida, vamos considerar a dinâmica do número de gravidade específica de amostras de água de reservatórios abertos em todas as regiões de Karakalpakstan que não cumprem os requisitos higiénicos para indicadores biológicos (Fig.3).

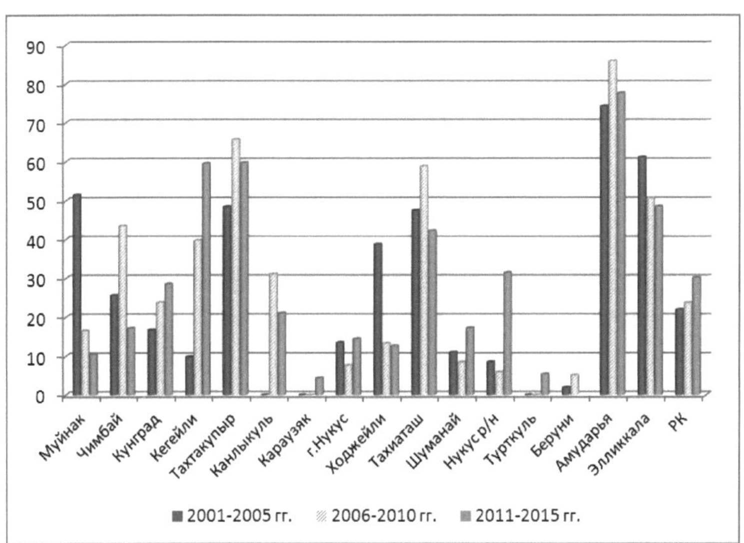

Fig.3. Peso específico das amostras de água de reservatórios abertos que não cumprem os requisitos higiénicos para os indicadores biológicos (em %) (de acordo com o RC GSEN do Ministério da Saúde da República do Cazaquistão)

A análise dos resultados mostrou que a maior proporção de amostras de água de reservatórios abertos que não cumprem os requisitos higiénicos para os indicadores biológicos foi observada nos distritos de Takhtakupyrsky, Amudarya e Ellikkalinsky da república (de 57 a 80%). O número mínimo de amostras foi registado nos distritos de Beruniysky, Turtkul e Karauzyak de Karakalpakstan (até 5%). Como resultado da investigação sobre a qualidade do abastecimento de água potável na República de Karakalpakstan, para o período de 2001-2015. Foi revelado que, nos últimos anos, os problemas de qualidade da água e o estado do abastecimento de água foram avaliados como uma "elevada percentagem" de incumprimento do GOST, o que leva a uma elevada incidência entre a população.

O excesso das normas relativas ao teor de poluentes foi: fenóis, cobre, crómio até 4 vezes, produtos petrolíferos até 5 vezes, pesticidas (hexaclorano, lindano) até 10 vezes. Os resultados do estudo de cerca de 40 lagos e reservatórios no delta do rio Amu Darya indicam também uma elevada mineralização, um aumento do teor de fenóis (10-15 MPC), produtos petrolíferos (3-5 MPC), pesticidas (até 3 MPC), cobre e crómio (até 6 MPC). A contaminação bacteriana das águas fluviais é 10 vezes superior às normas sanitárias (Abdirov, 2000; Ismailova et al., 2006; Razakov et al., 2004).

As fontes de água transportam uma carga significativa de poluentes associados a muitos elementos tóxicos (flúor, manganês, cobre, bário, molibdénio, cobalto), excedendo significativamente o MPC, e o equilíbrio de outros oligoelementos é praticamente perturbado (Abdirov, 2000; Ismailova et al., 2006; Razakov et al., 2004). O estudo da composição de elementos vestigiais das águas de consumo mostrou que, de 22 iões de metais pesados, foi detectado um excesso de MPC em Sr, Mo, Ni, Zn, Cd, Pb, o que indica uma situação ambiental desfavorável. Além disso, estes elementos não são libertados durante o tratamento da água ou a dessalinização em instalações de dessalinização (Zhakypova et al., 2000) (Quadro 2).

O quadro 2 apresenta uma análise comparativa da composição elementar de várias águas de superfície de Karakalpakstan.

A composição em oligoelementos das águas dos canais de Karakalpakstan reflecte totalmente a composição das águas dos rios. Os resultados mostraram que a composição das águas da região em relação à água do rio tem variabilidade suficiente na composição para um aumento do teor de elementos.

Assim, as águas dos colectores-drenagem, ao interagirem com o solo, arrastam Na, K, Cl, Ca, Cr, Mn, Fe, Cu, Zn, As, Se, Br, Rb, Sr, Ag, Cd, Cs, Sb, Ba, La, Eu, U e, portanto, enriquecem-se com estes elementos e, posteriormente, entram no leito do rio e voltam a poluir a composição das águas fluviais.

Elementos como Se, Co, W, Au, Hg, Ce, Th parecem estar numa forma insolúvel no solo, pelo que a sua migração com a água é difícil.

Quadro 2

Composição em oligoelementos do rio e do canal, e águas colectoras de Karakalpakstan (mcg/l, *mg/l) (de acordo com Zhumamuratov et al., 2005)

	O rio Amu Darya	Canal Suenli	p	o canal Kyzketken	кр	Canal Karagaily	кр	Colecionador	кр	MPC

Na*	200,0	245,0	1,2	214,0	1,0	207,0	1,04	620	3,1	200
K*	120,9	140,0	1,1	131,0	1,0	134,0	1,0	144,0	1,2	-
Cl*	220,0	312,0	1,42	254,0	1,1	232,0	1,05	364,0	1,65	12,3
Ca*	210,0	246,0	1,17	321,0	1,5	224,0	1,07	479,0	2,3	140,0
Sc	0,053	0,022	0,42	0,04	0,7	0,15	3,0	0,044	0,83	-
Cr	5,2	6,7	1,29	4,6	0,8	4,3	0,83	7,0	1,35	5,0
Mn	8,0	3,5	0,44	3,1	0,4	3,4	0,43	12,0	1,5	100,0
Fe	1,06	3,51	3,31	8,8	8,3	2,4	2,26	2,49	2,34	100,0
Co	1,1	0,28	0,25	0,1	0,1	0,22	0,2	0,09	0,08	0,50
Cu	1,29	7,2	5,6	2,0	1,5	0,9	0,7	24,8	19,0	1000,0
Zn	2,6	14,5	5,6	12,0	4,6	12,6	4,8	7,0	2,7	5000,0
Como	0,022	-	-	0,07	3,9	-	-	0,65	2,95	30,0
Se	0,08	0,01	0,13	0,54	6,7	0,52	6,5	0,16	2,0	10,0
Br	11,0	102	9,8	100,4	9,1	92,5	8,4	174,3	15,8	-
Rb	1,0	2,4	9,4	0,6	0,6	0,9	0,9	1,8	1,8	100,0
Sr	229,0	224,0	0,9	240,0	1,0	231,0	1,01	740,0	3,2	700,0
Y	7,4	8,1	0,9	8,0	1,1	7,4	1,0	7,8	1,0	
Zr	2,2	3,1	1,1	2,7	1,2	2,5	1,1	2,8	1,3	
Ag	0,05	0,05	4,0	0,05	1,0	0,05	1,5	0,23	4,6	-
Cd	0,008	-	-	-	-	0,05	6,2	0,03	3,75	1,0
Sb	1,3	2,24	1,7	0,54	0,4	0,93	0,7	1,4	1,07	50,0
Cs	0,77	1,51	1,9	0,5	0,65	0,5	0,65	5,21	6,76	50,0
Ba	2,89	48,7	16,8	28,5	9,8	92,8	30,5	16,7	5,77	-
La	2,3	1,0	0,4	1,86	0,81	2,08	0,9	12,8	5,56	100,0
W	0,008	-	-	0,002	0,25	-	-	0,006	0,75	-
Au	0,8	0,8	1,0	0,2	0,25	0,23	0,3	0,14	0,17	-
Hg	1,2	0,9	0,7	0,5	0,41	1,0	0,8	1,0	0,83	-
Ce	0,08	0,01	0,6	0,01	0,13	0,45	5,6	0,029	0,36	-
Sm	0,03	-	-	0,061	2,0	-	-	0,004	1,3	-
Eu	2,0	3,2	1,6	3,1	1,55	3,4	1,7	7,0	3,5	-
O	7,0	7,1	1,0	7,3	1,04	7,9	1,12	8,2	1,17	0,05
U	1,2	1,15	0,9	1,5	1,25	1,34	1,08	2,6	2,16	-
										-

Uma análise comparativa da composição das águas do rio (Amu Darya) com as águas do canal (Suyunli, Kyzketken, Karabaily) mostra que quando as águas do rio entram no canal, as águas estão poluídas com Na,

K, Cl, Ca, Cr (apenas Suyunli), Fe, Cu (exceto Karabaily), Zn, As, Se (exceto Suyunli), Ba, Eu, Th (exceto Suyunli) e U. Simultaneamente, regista-se uma depleção de água com potássio (canal de Karabaily), Cr (Kyzketken e Karabaily), Mn, Co, Cu (Karabaily), Ss, Rb (Kyzketken, Karabaily), La, Au, Hg, Ce (Suyunli, Kyzketken), Th.

As formas de migração e entrada de elementos tóxicos na água são diversas. Na maioria das vezes, é possível que a poluição do ambiente da região do Mar de Aral com elementos tóxicos ocorra devido a emissões de aerossóis, efluentes domésticos e industriais, devido à precipitação atmosférica, etc. Como é sabido, os grupos mais prioritários de metais tóxicos incluem Cd, Cu, As, Ni, Hg, Pb, Zn, Cr. Os teores destes elementos nas águas da zona do Mar de Aral são significativos. Uma vez no corpo, os elementos tóxicos sofrem, na maioria das vezes, transformações pouco significativas (os tóxicos orgânicos são rapidamente absorvidos pelos organismos) e são incluídos no ciclo bioquímico, pelo que o abandonam muito lentamente.

A análise hidroquímica demonstrou que, nos últimos anos, é caraterístico um aumento acentuado da mineralização da água potável: em 2005, no verão, a mineralização era de 360-370 mg/l; no inverno - 700-800 mg/l; em 2006 - 928 no verão, 2300 mg/l no inverno, a quantidade média anual de sais na água da torneira era de cerca de 1163,8 mg/l, ou seja, em 2008. Em 2008, a quantidade média anual de sais na água da torneira era de 1163,8 mg/l, enquanto que em 2008, a quantidade média anual de sais na água da torneira era de 1045,7 mg/l, sendo caraterística uma forte variação sazonal de valores. Em 2009-2010, a mineralização da água potável atingiu 1.650 mg/l, e em 2014-2015 foi expressa no verão em 878 mg/l e no inverno em 1.780 mg/l.

Em seguida, analisámos a qualidade da água da torneira

fornecida nas três zonas diferenciadas da República de Karakalpakstan para o período de 2001 a 2013. (Fig.4). A análise mostrou que as flutuações na qualidade da água da torneira estão sujeitas a mudanças significativas. Assim, nas três zonas de Karakalpakstan, o nível mais elevado de amostras não normalizadas de água da torneira por parâmetros químicos foi observado em 2001 (até 60%).

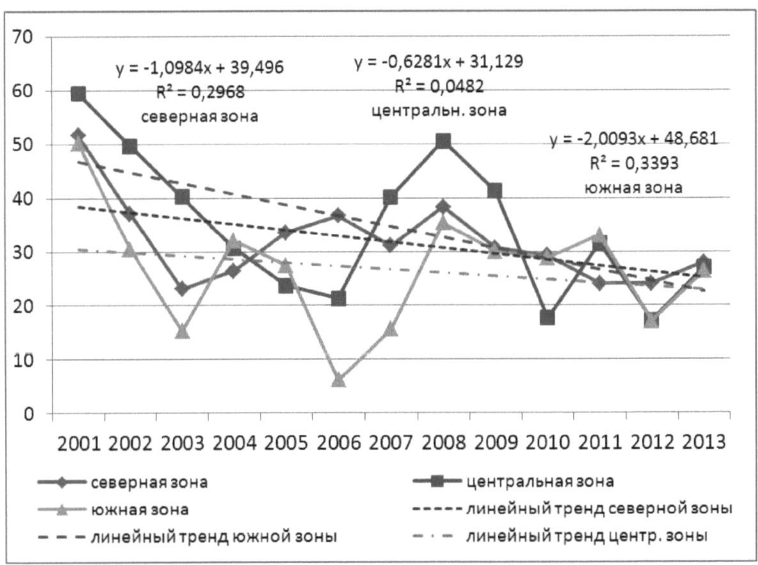

Fig.4. Dinâmica dos indicadores médios anuais de amostras não normalizadas de água da torneira na República de Karakalpakstan por indicadores químicos para 2001-2001.

Nas regiões do norte, o nível máximo de incumprimento da qualidade da água potável foi registado em 2004, 2006, 2008 (26,4 - 38,3%%), o valor mínimo foi em 2011 (até 24%).

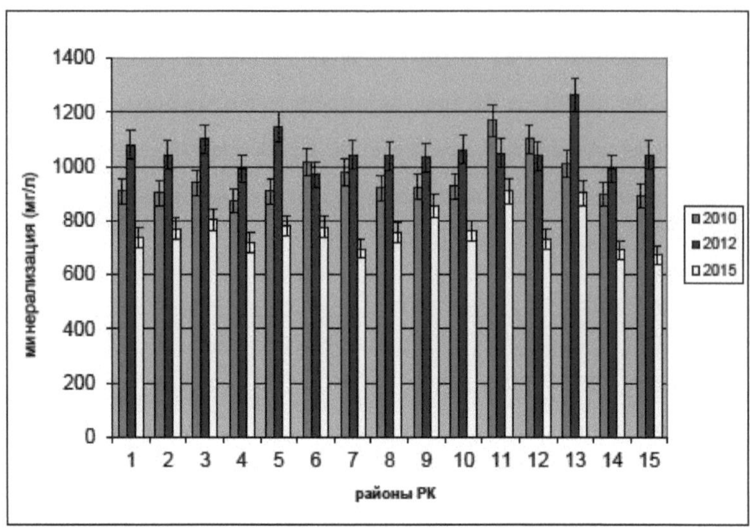

Fig. 5 Dinâmica da mineralização da água na rede de abastecimento de água na República de Karakalpakstan (2010-2015) ($p<0,05$)

Nas regiões centrais da República, foram observadas taxas elevadas de amostras de água da torneira não conformes com os parâmetros químicos em 2007 e 2008 (até 50%). Deve também notar-se que nas regiões do sul de Karakalpakstan, as taxas mais elevadas de não conformidade com a qualidade da água potável foram registadas em 2005 e 2008 (até 27-28%). As tendências lineares calculadas indicam uma diminuição dos indicadores de amostras de água da torneira fora do padrão em Karakalpakstan por indicadores químicos.

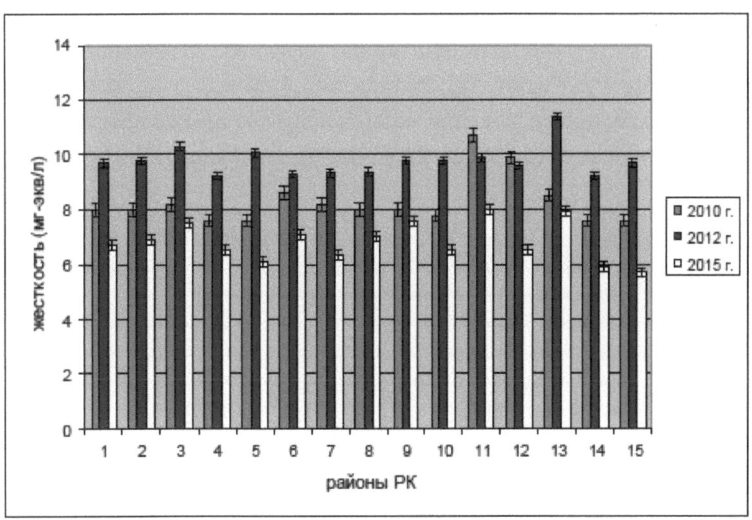

Fig.6. Dinâmica dos indicadores de dureza da água na rede de abastecimento de água na República de Karakalpakstan (2010-2015) ($p<0,001$)

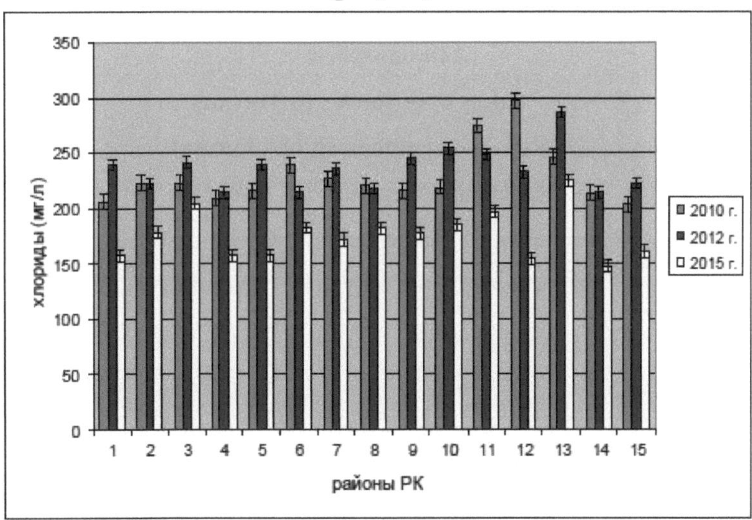

Fig.7. Dinâmica do teor de cloreto na água da torneira na República de Karakalpakstan (2010-2015) ($p< 0,001$)

Para uma análise mais detalhada, vamos considerar a dinâmica da qualidade da água potável nas instalações centrais de consumo da

República de Karakalpakstan para o período 2010-2016. no contexto dos distritos, de acordo com as normas nacionais da República do Uzbequistão. A Figura 5-8 mostra as mudanças no conteúdo de mineralização, dureza, cloreto e sulfato na água na rede de abastecimento de água em todas as regiões da República de Karakalpakstan.

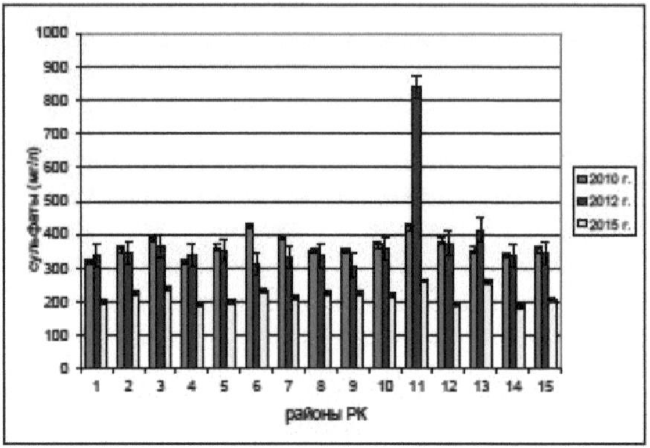

Figura 8. Dinâmica do teor de sulfato na água da torneira na República de Karakalpakstan (2010-2015) (p<0,001)

Designações:

1 - Nukus 6 - Khojeli 11 - Muynak

2 - Nukus 7 - Takhiatash 12 - Turtkul

3 - Kegeili 8 - Shumanai 13 - Berunian

4 - Chimbaysky 9 - Kungradsky 14 - Ellikkalinsky

5 - Karauzyak 10 - Kanlykul 15 - Amudarya

Os resultados do estudo mostram que a água potável é principalmente salinizada com cloreto-sulfato. O índice de mineralização mais elevado é igualmente observado nos distritos de Kegeyli, Karauzyak, Reni e na cidade de Nukus.

A dureza da água potável na rede de abastecimento de água em algumas zonas excede as normas aceitáveis, chegando por vezes a atingir 12-13 mg-eq/l nos meses em que a dureza total da água nos canais também atinge valores máximos.

Assim, resumindo o que precede, pode notar-se que a má qualidade da água potável, sobreposta ao clima quente e acentuadamente continental da região sul do Mar de Aral, piora as condições de vida da população, constitui a base de um complexo de doenças associadas ao fator água, uma vez que num clima quente o consumo de água aumenta 8-10 vezes (Madreimov et al., 2004).

3.3. Poluição atmosférica

Atualmente, têm sido acumulados muitos dados sobre a existência de uma ligação entre o estado da saúde pública e o grau de poluição atmosférica (Ilyinsky et al., 2004; Rustamova, 1994). Muitos investigadores provaram que a poluição atmosférica pode ser um fator etiológico e provocador de certas doenças, como a asma brônquica, a fluorose, a silicose e o cancro do pulmão (Arzamastseva, 1991; Bushtueva, 1979; Dedov, 2007; Konshina, 2005). A existência de uma ligação entre doenças cardiovasculares, doenças respiratórias e vários níveis de poluição atmosférica foi demonstrada em muitos trabalhos (Arzamastseva, 1991; Bushtueva, 1979; Dedov, 2007; Konshina, 2005).

A poluição ambiental é um problema complexo e multidimensional. Nas condições de secagem do Mar de Aral, este problema é agravado pela remoção de sais tóxicos (sulfatos e cloretos) do fundo seco (Fig.9).

O fator de transferência de sal (70 milhões de toneladas/ano) tornou-se dominante na deterioração da qualidade do ar atmosférico. A modelação do transporte de sal a partir da terra pós-costeira do Mar de Aral mostrou um excesso múltiplo de MPC durante as tempestades de sal e poeira. Sabe-se também que os poluentes atmosféricos, como poeiras, cinzas, fuligem e vários compostos que entram no ar durante a combustão do carvão e do petróleo, têm um efeito adverso no corpo humano (Matushkina et al., 2014; Onishchenko, 2003).

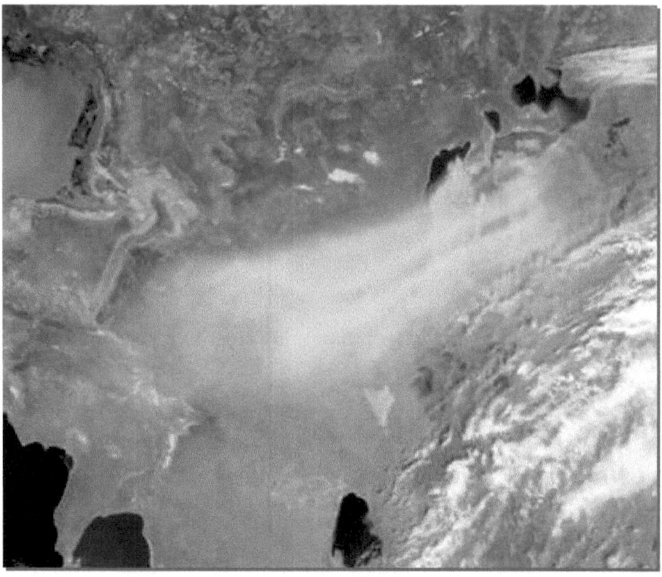

Fig.9. Remoção de sais pelo vento em 2011 Imagem sintetizada (canais 1-3) do satélite NOAA.

. O nível de poeiras na região sul do Mar de Aral é um dos mais elevados do mundo. Nalguns casos, as concentrações individuais de poeiras atingem 7 MPC. A drenagem da faixa costeira do antigo leito marinho contribuiu para uma alteração da composição das poeiras atmosféricas no sentido de um aumento significativo (até 70%) da proporção de sais solúveis.

Atualmente, 2/3 da antiga zona marítima é um deserto de sal, que constitui uma fonte de remoção de sal para os territórios adjacentes. As observações do espaço e as medições terrestres indicam a propagação de pântanos salgados, a meteorização do sal e a formação de tempestades de sal e areia. Sendo a poluição em maior escala da superfície subjacente na região sul do Mar de Aral, o aerossol salino pode ser considerado o principal fator de degradação do ecossistema e de toda a biota.

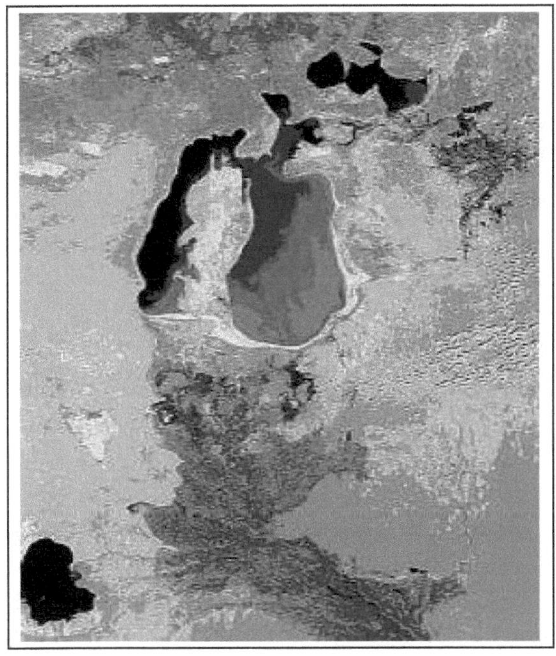

Fig. 10 Principais fontes de poluição na região meridional do Mar de Aral

KSZ - Fábrica de Soda de Kungrad (KSZ),

TPP - Takhiatashskaya GRES,

PS - terra pós-costeira do Mar de Aral

A partir da análise dos tipos de poluição da região do Mar de Aral, pode concluir-se que foram identificadas três fontes principais de poluição atmosférica por aerossóis:

1) Fábrica de Soda de Kungrad (KSZ),

2) Takhiatashskaya GRES

3) A terra pós-acre do Mar de Aral (Fig.10)

Os resultados dos cálculos efectuados por especialistas mostraram que os poluentes provenientes das centrais nucleares e das centrais térmicas não se propagam mais de 20 km num raio de ação das fontes (Tleumuratova, 2009) (Fig. 11 e 12).

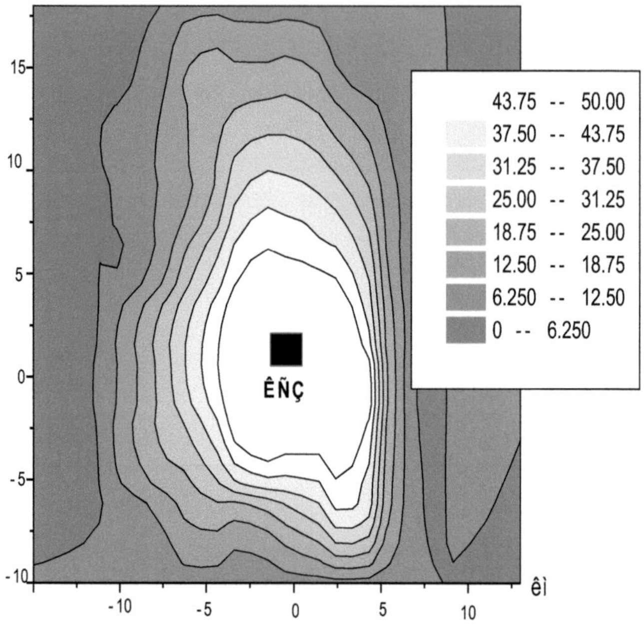

Fig. 11. O domínio da poluição provocada pelas emissões da central de Kungrad

fábrica de soda (mcg/m3)

(Tleumuratova, Mambetullayeva, 2016)

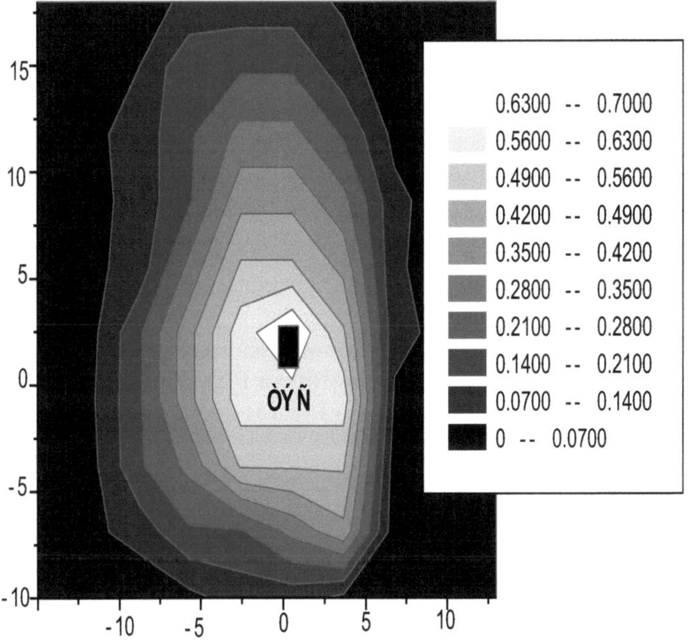

Fig. 12. O campo de poluição das emissões da central hidroelétrica de Takhiatash (mg/m3) (Tleumuratova, Mambetullayeva, 2016)

Das emissões industriais destas empresas, o dióxido de azoto tem o maior impacto ambiental (a concentração máxima admissível de exposição a longo prazo é de 0,01 mg/m3). Ao mesmo tempo, uma concentração significativa deste gás está localizada numa zona com um raio de 7-8 km para a KSZ e 12 km para a HPP.

Assim, está provado que a dimensão da zona de influência das centrais nucleares KPP e TPP pode ser atribuída a fontes locais de poluição. Assim, o principal poluente ambiental na região do Mar de Aral é o aerossol de sal proveniente da terra pós-costeira do Mar de Aral. A atividade de migração é uma das principais características do aerossol salino, que determina a peculiaridade da sua distribuição territorial, que consiste no seguinte. A remoção de sal em grande escala ocorre de abril a outubro. Quando uma impureza se espalha a partir de um grupo de fontes pontuais, formam-se máximos de concentração local (Tleumuratova 2004, 2009). Os máximos locais são especialmente pronunciados com uma variação média mensal mínima na direção do vento. Os resultados dos cálculos da concentração de aerossol de sal (mcg/m3) na atmosfera efectuados por especialistas são apresentados no Quadro 4 (Tleumuratova, 2009). Os dados representam os valores máximos nos níveis adequados.

Quadro 4

Dinâmica sazonal da poluição atmosférica com aerossol de sal (de acordo com Tleumuratova B.S., 2009)

Высота	*$x_{макс}$	IV	V	VI	VII	VIII	IX	X	XI
2м	100м	98	76	45	43	31	41	54	20
600м	30км	83	66	33	31,2	28,1	39	44	15
1000м	70км	79	57	26,2	26	16,4	24	38,2	12
1500м	90км	65	44	13,7	13,4	11,3	12	24,1	9
2000м	100км	53	32,5	8,6	7,41	6,1	8,2	12	5,1

Nota: *hmax é a distância média anual da fonte da concentração máxima a este nível

A concentração máxima absoluta é em abril, a segunda máxima é em outubro. A poluição atmosférica mínima na tabela é em novembro, e de acordo com os cálculos - em dezembro. A concentração de sais na atmosfera de dezembro a março é menor do que em novembro. Quanto ao aerossol salino, integrando a concentração média mensal de impurezas salinas por altura e tendo em conta a quantidade de precipitação, verificámos que a mineralização da precipitação nesta região aumenta de 20 para 263 mg/l, o que está em boa concordância com os dados empíricos apresentados no trabalho (Tleumuratova, 2009).

Uma análise geral da salinidade do solo em função da diferenciação regional da região do Mar de Aral é apresentada no Quadro 5.

Quadro 5

Salinização do solo durante a infiltração de aerossóis de sal (2000-2015) (de acordo com Tleumuratov B.S., 2009)

	Кол-во осадков (мм)	Минер-ция осадков (мг/л)	Сухие выпадения (кг/га)	Увеличение засоленности почв (%)
Муйнак	4,6	164 мг/л	124	0,526
Кунград	4,5	150 мг/л	120	0,511
Нукус	4,3	187мг/л	60	0,419
Чимбай	10	197 мг/л	87	1,092
Тахтакупыр	8,6	164 мг/л	96	1,065

Em geral, uma análise ambiental exaustiva da poluição local da atmosfera e do solo da KSZ e da TPP revelou uma poluição ambiental significativa em todo o Mar de Aral por aerossol salino proveniente da terra pós-costeira do Mar de Aral (Fig. 13).

Assim, um dos principais poluentes atmosféricos do Mar de Aral, que actua em toda a região, é o aerossol salino proveniente do fundo drenado do Mar de Aral. Vários factores ambientais antropogénicos em níveis que excedem o PPM podem afetar negativamente a saúde da população.

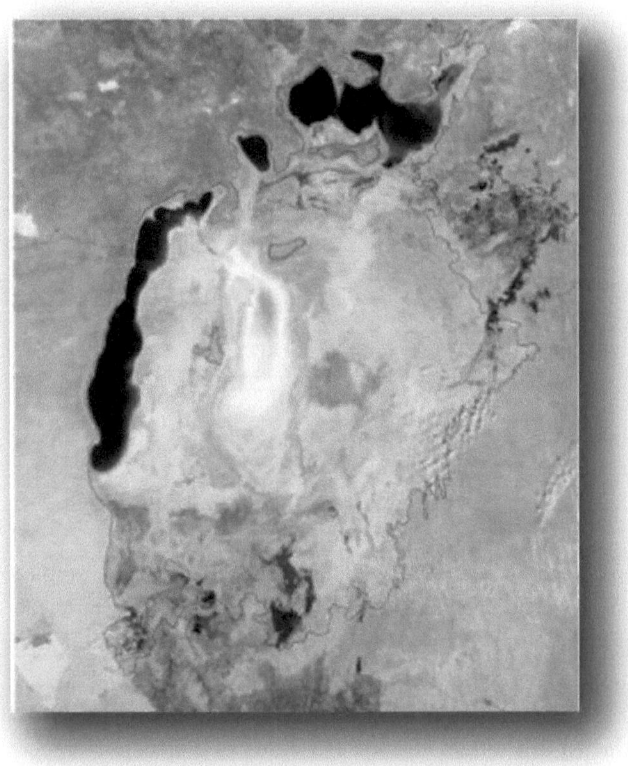

Fig. 13. A área do fundo drenado do Mar de Aral. Vista de satélite da Terra (2014)

A nossa análise dos dados reais sobre a poluição do ar atmosférico no território da República de Karakalpakstan mostrou que a gravidade específica das amostras de ar atmosférico que excedem o MPC de poluentes variou de 27,8% (em 2004) a 7,2% (em 2015) (Fig.14). Durante o período de estudo, registaram-se dois picos no aumento da gravidade específica das amostras de ar atmosférico com poluição atmosférica superior ao MPC de poluentes em 2011 e 2013.

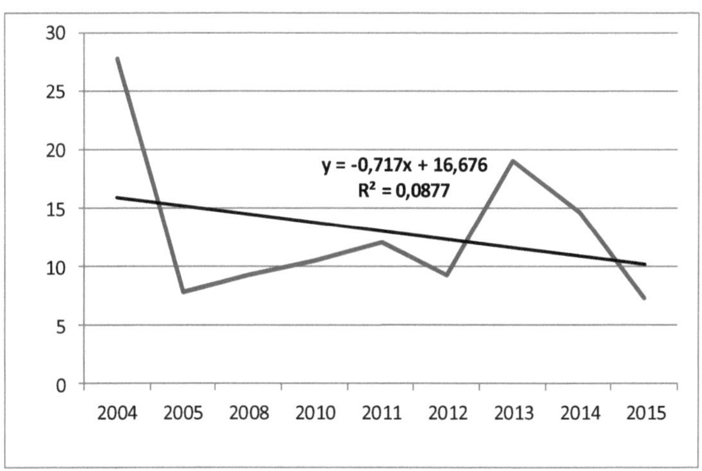

Fig. 14. Dinâmica da gravidade específica das amostras de ar atmosférico (%) que excedem o CPM de poluentes na República do Cazaquistão

(de acordo com o RC GSEN do Ministério da Saúde da República do Cazaquistão)

A tendência linear indica uma diminuição da proporção destas amostras, sendo a taxa de declínio de 1,2% por ano.

Considerando a dinâmica da gravidade específica das amostras de ar atmosférico (%) que excedem o MPC de poluentes em algumas regiões da República de Karakalpakstan, pode-se notar que há uma certa tendência geral para reduzir as emissões de poluentes no ar atmosférico para o período de 2011 a 2015. (fig. 15).

O número máximo de amostras de poluentes que excedem o CPM foi registado no distrito de Kungrad em 2011 (88,2%) e em 2013 (62,5%). A tendência linear indica uma diminuição constante da taxa do número de amostras de poluentes, que ascendeu a 14,12% por ano. Além disso, a maior proporção de amostras com poluentes foi detectada no distrito de Khojaly em 2011 (33,1%) e em 2013 (29,0%). Aqui, a tendência linear também mostra a taxa de diminuição do número de amostras específicas em 3,08% por ano. Quanto ao distrito de Turtkul, a situação é diferente. É de notar que, durante o período em análise, o nível do número de amostras específicas permaneceu quase ao mesmo nível, de 10,6 para 33,3,2 %.

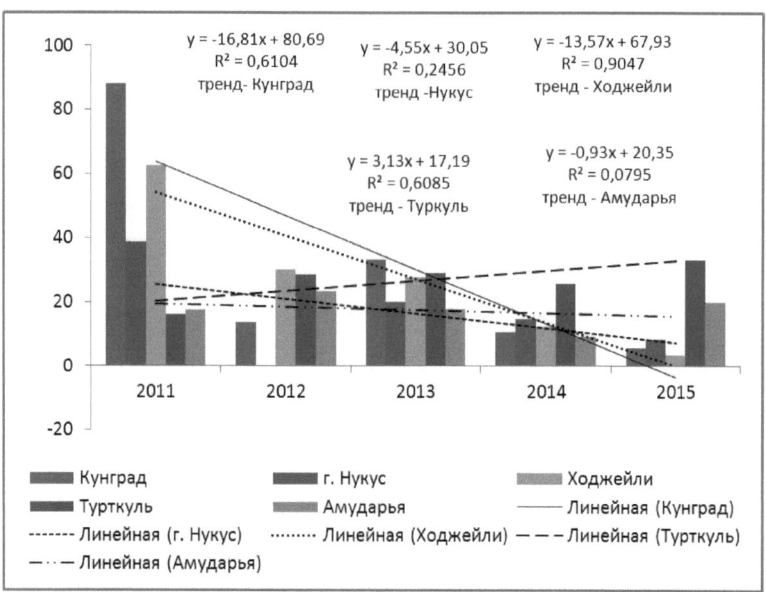

Fig. 15. Gravidade específica das amostras de ar atmosférico (%) que excedem o CPM de poluentes nas regiões da República do Cazaquistão (de acordo com o RC GSEN do Ministério da Saúde da República do Cazaquistão)

A tendência linear indica um aumento de 4,54% na taxa de crescimento anual de amostras específicas.

A composição em oligoelementos das poeiras atmosféricas, que se formaram no Mar de Aral e na zona desértica, tanto no delta do Amu Darya como nos territórios adjacentes, são idênticas e próximas, especialmente porque a composição elementar média das poeiras atmosféricas e dos solos de Karakalpakstan são próximas e correlacionam-se com um coeficiente (gc) igual a 0,98.

A análise de correlação da relação entre a composição elementar da poeira atmosférica e a composição do solo mostrou que a composição elementar das partículas de aerossol em amostras recolhidas em diferentes áreas é semelhante na origem à composição elementar dos solos, ou seja, tem uma única fonte de origem, onde o coeficiente de correlação é bastante elevado (r =0/97) (Fig. 16).

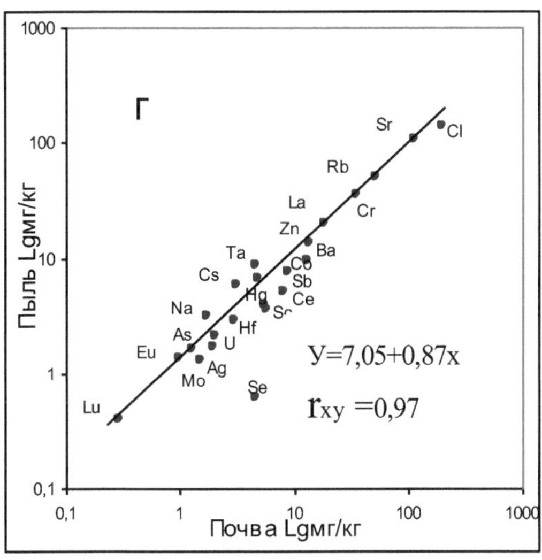

Fig. 16. Relação de correlação da composição elementar poeiras atmosféricas e solos de Karakalpakstan

A análise da dinâmica dos indicadores médios anuais da gravidade específica (%) de amostras de ar atmosférico não padronizadas na República de Karakalpakstan (Fig. 17) mostrou que suas flutuações foram observadas durante o período de 2006 a 2015. Portanto, se no início de nossa pesquisa (2006) o indicador era de 10,5%, então em 2014-2015 a taxa de amostra que não correspondia ao MPC aumentou para 18-20%%. Vamos considerar a dinâmica da gravidade específica (%) de amostras de ar atmosférico não-padrão para ingredientes individuais de poluição na República de Karakalpakstan (2006-2015) (Fig. 18).

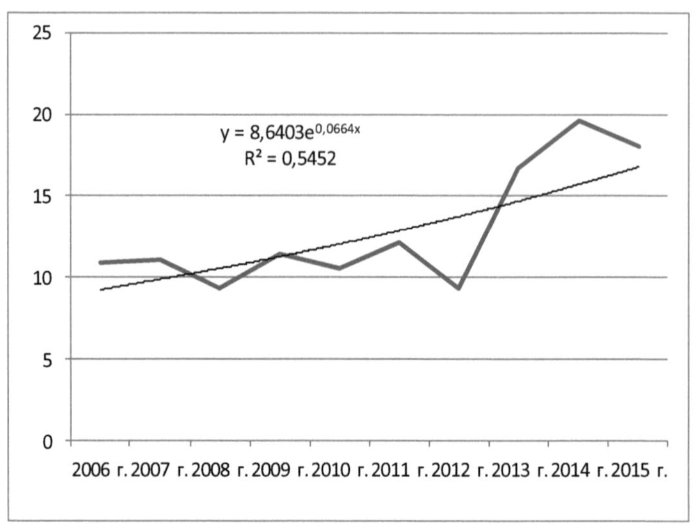

Fig. 17. Dinâmica dos indicadores médios anuais do sector específico gravidade (%) das amostras de ar atmosférico não-convencional na República do Cazaquistão (de acordo com o RC GSEN do Ministério da Saúde da República do

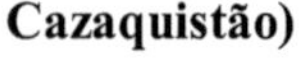

Cazaquistão)

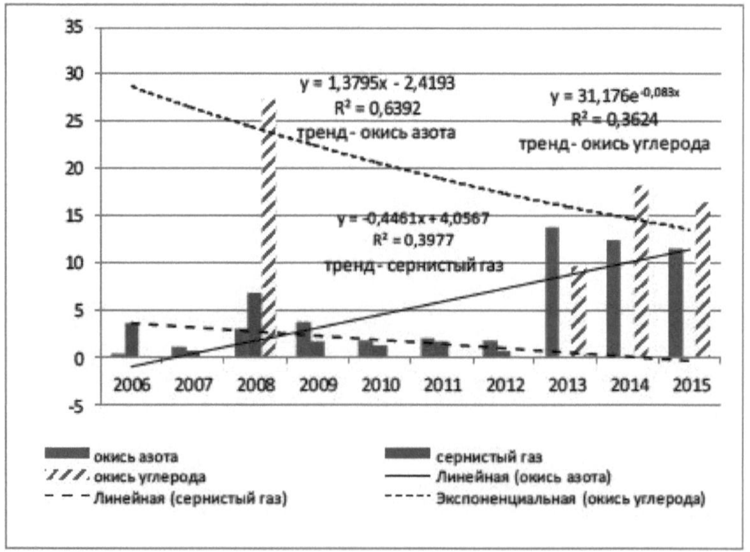

Fig.18. Dinâmica da gravidade específica (%) de amostras de ar atmosférico não normalizadas para cada ingredientes de poluição na República do Cazaquistão (de acordo com o RC GSEN do Ministério da Saúde da República do Cazaquistão)

O diagrama mostra que o nível máximo de gravidade específica das amostras de poluição por monóxido de carbono foi de 27,27% em 2008, de 9,6 a 18,2% em 2013-2015. A tendência exponencial indica uma diminuição da taxa da proporção de amostras de ar atmosférico não padronizadas dos ingredientes de poluição considerados na República de Karakalpakstan, que ascendeu a 2,74% por ano. Poluentes como o óxido nítrico e o dióxido de enxofre diferem um pouco ao longo das linhas de tendência. Deve-se notar que os indicadores de dióxido de enxofre prevaleceram no ar atmosférico de 2006 a 2012. e o número de amostras de gravidade específica variou de 0,6 a 6,84%. A tendência linear indica uma diminuição acentuada da taxa anual de conteúdo deste poluente nas amostras de ar atmosférico.

Verificou-se um aumento na dinâmica da gravidade específica das amostras de ar atmosférico para o óxido de azoto de 2006 a 2015. O nível máximo foi de 13,8% em 2013-2014. A tendência linear indica um aumento da taxa de crescimento anual deste poluente, que ascendeu a 1,12% por ano. A análise dos resultados mostrou que, para o período de 2000 a 2015, no território da República de Karakalpakstan, as concentrações médias mensais de monóxido de carbono, embora estivessem dentro do MPC, mas as concentrações únicas máximas atingiram 4 mg / m3 (MPC - 2 mg / m3). As concentrações médias mensais de dióxido de azoto variaram entre 0,03 mg/m3 e 0,05 mg/m3 , sendo a concentração máxima individual de 0,09 mg/3 (MPC - 0,04 mg/m3). Verificou-se também um aumento da concentração de fenol, especialmente nos meses de outono e inverno (setembro - dezembro). As suas concentrações individuais máximas excederam o MPC em 4,6 vezes.

3.4. Poluição dos solos

A utilização intensiva de pesticidas e fertilizantes minerais nos campos de algodão e arroz no passado recente em toda a região do Mar de Aral exige uma atenção constante dos investigadores e medidas sanitárias alargadas para garantir a sua utilização segura. Para desenvolver essas medidas, é necessário dispor de informações sobre a natureza e o grau de dependência entre as alterações do estado de saúde da população e a poluição dos objectos ambientais, dos alimentos e das quantidades residuais de vários compostos químicos que ocorrem em condições de produção agrícola intensiva. O estudo da carga de pesticidas no território da região do Mar de Aral e do seu impacto na saúde da população é um dos problemas médicos e ambientais urgentes

De acordo com os peritos, entre 1980 e 2000, foram introduzidos nas áreas cultivadas de Karakalpakstan pesticidas com um volume total de 75,8 kg/ha de substância 100% ativa (Fig. 19).

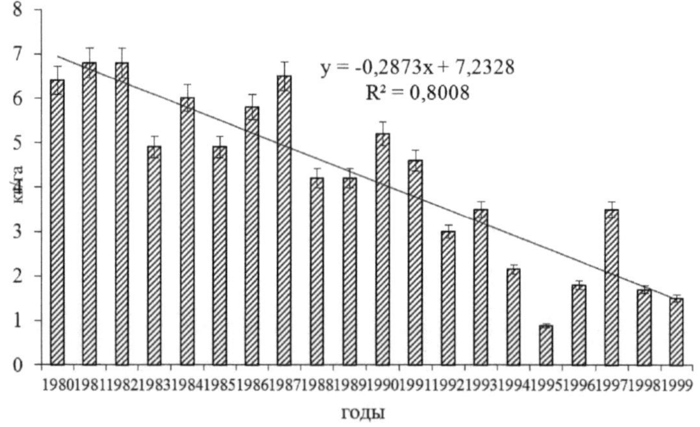

Fig. 19. Dinâmica da utilização de pesticidas na República do Cazaquistão por 100% de ingrediente ativo (kg/ha) (p<0,05)

Foi introduzido em grande número em 1981, 1982, 1986, 1987, 1990, com uma diminuição gradual nos anos seguintes (desde 1995). De todos os pesticidas utilizados, o clorato de magnésio ocupa o primeiro lugar (14 mil toneladas). Constitui a maior parte, ou seja, 43,9% de todos os pesticidas utilizados no período de 1980 a 1995. Seguem-se o propano (14,6%) e o butifos (9,98%). O pesticida menos utilizado é a zoocumarina - apenas 8 kg foram utilizados durante este período (Kurbanov et al., 2003). Na segunda fase (1986-1991), a intensidade da utilização de alguns pesticidas altera-se. Os pesticidas de compostos organofosforados representam apenas 4,6%, e os pesticidas organoclorados representam ainda menos - 2,3%. A utilização de pesticidas a partir de compostos de anilidas substituídas por halogenetos de ácidos carboxílicos é estável (15,8%). Observa-se uma situação semelhante na terceira fase (1992-1995), ou seja, os compostos contendo metais inorgânicos representavam 74,3%, os anilidos de ácidos carboxílicos substituídos por halogenetos - 10,04% (Abdirov, 1995; Eschanov, 1991; Mambetullayeva et al., 2013).

Em 1995-2002, na região do Mar de Aral (República de Karakalpakstan), a carga média de pesticidas foi de 4 kg/ha para 100% da substância ativa. Foram utilizados pesticidas num sortido de 55 artigos, com um volume total de 477 toneladas. (Kurbanov et al., 2003) (Quadro 6).

Nos últimos anos, o nível de poluição do ambiente da região do Mar de Aral por substâncias químicas tóxicas atingiu um valor crítico. No entanto, ao decidir sobre o perigo da poluição ambiental para a população, deve-se ter em conta que, juntamente com a inalação de factores nocivos, os mesmos compostos podem afetar simultaneamente por via oral - com água potável e alimentos.

Todos os pesticidas utilizados têm propriedades tóxicas pronunciadas. Destes, 6,1% dos pesticidas utilizados são substâncias altamente tóxicas, 40,9% dos pesticidas são pouco tóxicos, os restantes são altamente tóxicos e medianamente tóxicos (Fig. 20).

Quadro 6

Distribuição dos pesticidas utilizados na região do Mar de Aral por tipo de utilização (%) (de acordo com Kurbanov et al., 2002)

Районы	Гербициды	Инсектодикарициды,	Дефолианты	Фунгициды	Биопрепараты
Амударьинский	2,42	51,8	42,5	1,52	1,75
Берунийский	7,94	52,2	33,8	3,83	2,11
Бозатауский	20,6	38,6	33,2	1,68	6,0
Караузякский	58,0	17,6	21,0	0,59	2,81
Кегейлийский	9,55	37,6	46,9	2,99	2,82
Кунградский	38,5	22,7	35,4	1,62	1,77
Канлыкульский	41,9	22,3	31,3	1,03	3,52
Тахтакупырский	70,1	19,9	8,54	0,33	1,12
Турткульский	4,18	44,1	42,1	2,90	6,70
Ходжейлийский	7,03	50,0	39,1	1,86	1,96
Чимбайский	43,2	25,0	26,3	1,49	3,97
Шуманайский	7,67	30,2	55,4	2,7	3,07
Элликкалинский	6,48	44,8	38,6	2,59	7,52
По Республике Каракалпакстан	24,4	34,8	35,8	1,86	3,09

De acordo com os resultados da investigação, a utilização de pesticidas durante 7 anos foi distribuída de acordo com a seguinte classificação: insecticidas e acaricidas - 64%, herbicidas - 26%, fungicidas - 7%. A análise efectuada em conjunto com os funcionários da ReSEC da República do Cazaquistão mostrou que foram encontradas quantidades residuais de pesticidas nos produtos alimentares e agrícolas. Foram frequentemente encontradas quantidades residuais de DDT, THFM, HCG, etc. Das 93 análises em que foram encontrados produtos químicos tóxicos, 80 (87%) revelaram-se superiores ao MPC.

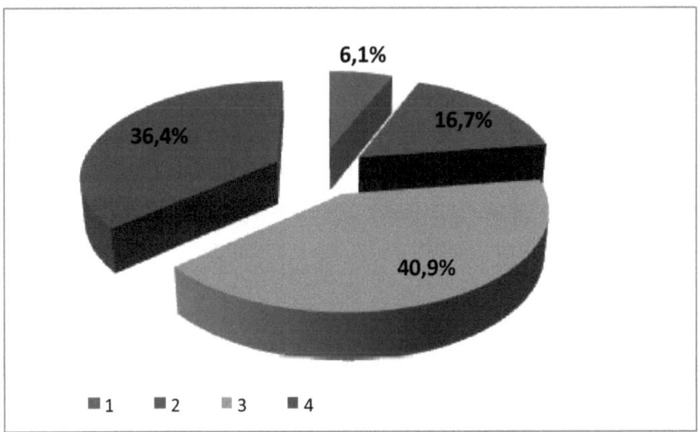

20. A utilização de pesticidas com vários efeitos tóxicos na região do Mar de Aral (segundo Kurbanov et al., 2002)

Nota: 1 - SDYAV, 2 - tóxico médio, 3 - pouco tóxico, 4 - altamente tóxico,

Assim, o hexaclorociclohexano (HCG) revelou-se o pesticida mais difundido no ambiente ecológico da região do Mar de Aral. Foi encontrado nos solos, em poços abertos e na água da torneira, em alimentos para animais, em produtos derivados de cereais, em ovos e no leite.

Dos pesticidas detectados acima do CPM, 62,5% foram determinados no solo, 20% foram determinados em fontes de água de superfície em todas as regiões de Karakalpakstan, 3,7% foram determinados em alimentos para animais, 11,25% em ovos, 1,3% em produtos à base de cereais e 1,3% em produtos lácteos.

De acordo com os resultados da investigação realizada pelos Médicos Sem Fronteiras em cooperação com o Centro Europeu para o Ambiente e a Saúde da OMS em dois períodos (de 1999-2000 e de 2010-2012) para determinar os níveis de poluição por dioxinas (PCDD/PCDF), bifenilos policlorados (PCB), pesticidas organoclorados e organofosforados nos produtos, verificou-se que os níveis mais elevados de contaminação foram encontrados em produtos com um elevado teor de lípidos (gordura de carneiro e de frango, ovos e óleo de algodão).

As análises alimentares efectuadas conjuntamente com especialistas dos Países Baixos pelos Médicos Sem Fronteiras revelaram a presença de pesticidas organoclorados persistentes e dos seus metabolitos em todas as amostras de alimentos de origem animal e nos vegetais. Estes resultados indicam que os produtos alimentares tradicionalmente cultivados e consumidos em Karakalpakstan podem ser considerados como as principais vias de exposição a vários poluentes tóxicos persistentes (Kurbanov et al., 2003).

A análise da dinâmica dos indicadores médios anuais da gravidade específica de amostras de solo não padronizadas de diferentes tipos de uso da terra na República de Karakalpakstan como um todo mostrou que nos últimos anos (2014-2015) houve um aumento no número de amostras de gravidade específica nos locais de empresas industriais (até 10,4%), em locais onde os resíduos tóxicos são armazenados em aterros sanitários (13,3%), bem como no solo em locais onde são utilizados pesticidas e fertilizantes minerais (até 5,3%) (Fig. 21).

Note-se que, mesmo em zonas residenciais, verificou-se que a gravidade específica máxima das amostras de solo não normalizadas é de 4,32% (em 2008, 2014-2015).

A análise também mostrou que a gravidade específica das amostras de solo em locais de produção de culturas também não correspondeu ao MPC foi de 0,9 a 4,66%.

Os resultados da pesquisa sobre a análise da dinâmica dos indicadores da gravidade específica (em %) de amostras de solo não padronizadas de diferentes tipos de uso da terra na República de Karakalpakstan para 2006-2015 mostraram que flutuações significativas também são observadas aqui (Fig. 22).

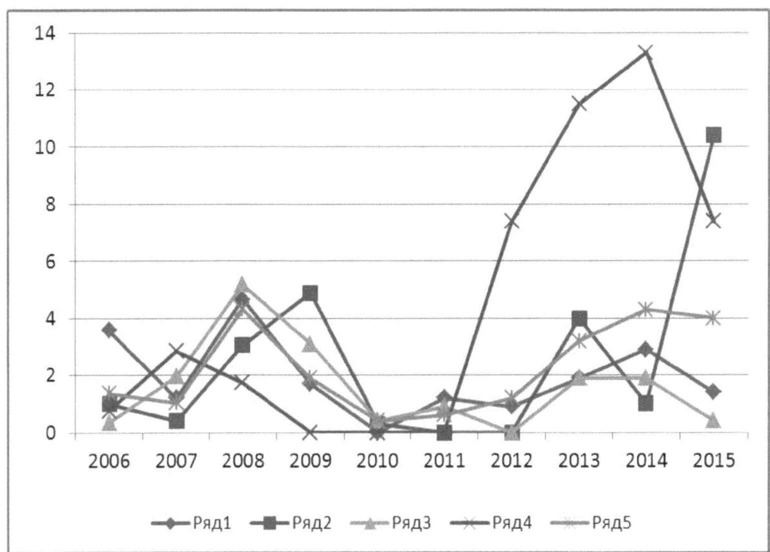

Fig. 21. Dinâmica dos indicadores médios anuais da gravidade específica de amostras de solo não padronizadas de diferentes tipos de uso da terra na República do Cazaquistão como um todo (de acordo com os dados do Centro Rep.GSEN do Ministério da Saúde da República do Cazaquistão)

Nota:

1 - Solo em locais de produção de culturas

2 - Solos nos territórios das empresas industriais

3 - Solo em locais onde são utilizados pesticidas e fertilizantes minerais

4 - Solo em locais onde os resíduos tóxicos são armazenados em aterros

5- Solo em zonas residenciais

Pode observar-se no diagrama que o valor máximo da gravidade específica das amostras ocorreu em 2006, 2008 e 2014 (de 3,0 a 4,7%%).

É também de notar que o menor número de amostras foi observado em 2009-2010. (até 0,4%). A tendência linear indica a taxa de diminuição do número de gravidade específica de amostras de solo não normalizadas de diferentes tipos de utilização do solo em Karakalpakstan.

Quanto ao solo, pode-se notar que, devido ao facto de o distrito de Ellikkalinsky estar localizado longe do Mar de Aral (380 km), e também, de acordo com os dados (Razakov et al., 2004), os solos desta área são menos suscetíveis à salinização, esta área foi tomada como referência e os dados sobre a composição elementar dos solos obtidos Em dois outros distritos, eles foram comparados com Ellikkalinsky. Foi efectuada uma análise comparativa do teor médio de elementos químicos nos solos dos distritos de Muynak e Nukut com os dados do distrito de Ellikkalinsky (Quadro 7).

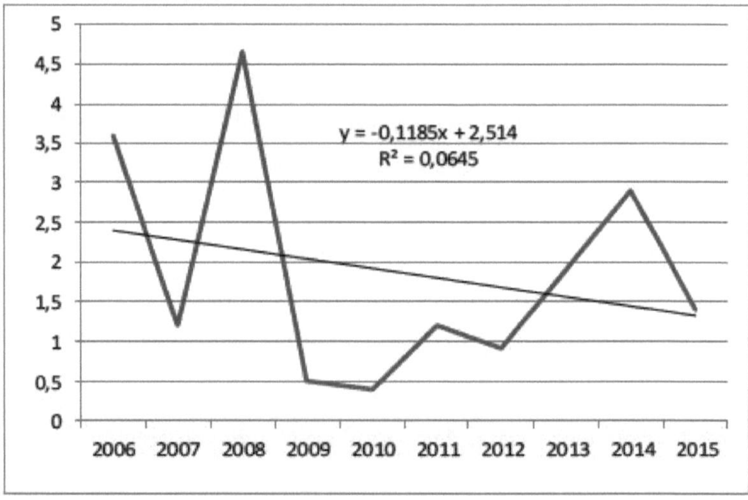

Fig.22. Dinâmica dos indicadores de gravidade específica (em%)

de amostras de solo não normalizadas de diferentes tipos de utilização do solo

na República do Cazaquistão (de acordo com o Centro Rep.GSEN do Ministério da Saúde da República do Cazaquistão)

O teor de Na diminui da zona norte para a zona sul, ou seja, de Muynak para o distrito de Ellikkalinsky. O teor de potássio é máximo (2,2%) nos solos da vizinhança de Nukus e mínimo nos solos do distrito de Ellikkalinsky (1,1%).

Quadro 7

O teor de elementos químicos na camada de solo arável em várias regiões de Karakalpakstan (mg/kg)

	Элликкалинский р-н (южная зона)	**Муйнакский р-н (северная зона)**	**Нукусский р-н (центральная зона)**	**ПДК**
Na%	1,3	4,5	2,8	200
K%	1,1	1,58	2,2	-
Sc	11,5	7,3	9,8	-
Cr	46,7	25,8	55,0	5,0
Mn	624,0	450,0	496,8	100,0
Fe%	1,85	1,52	1,35	0,50
Co	11,7	8,2	9,84	100,0
Rb	35,9	50,9	41,2	100,0
Y	29,0	34,0	33,0	
Zr	11,0	13,2	12,4	
Sb	3,6	2,61	2,25	50,0
Cs	6,50	3,86	3,50	-
Ba	967,0	635,0	400,0	100,0
La	33,6	19,2	26,9	-
Ce	30,6	26,7	27,0	
Sm	2,5	2,1	3,7	

Eu	0,90	1,07	1,72	
Tb	3,7	3,5	5,2	
Yb	1,2	1,50	1,38	
Hf	2,3	2,12	2,30	0,05
O	5,2	4,88	6,3	-
U	2,82	2,60	2,1	-

O elevado teor de potássio também foi revelado, o que mostra que estes solos ou não foram utilizados na circulação agrícola durante muito tempo, ou estão contaminados pela aplicação não controlada de fertilizantes de potássio.Nos solos do distrito de Ellikkalinsky, o teor de Fe, Mn, Co nos solos foi considerado relativamente baixo em comparação com outras regiões (Zhumamuratov, 2005), e uma deficiência destes elementos pode causar anemia e outras doenças, ou seja, o teor é insuficiente para o curso normal dos processos metabólicos das plantas, animais e seres humanos (Mahmudov et al., 2007).

Os peritos descobriram que os solos do distrito de Ellikkalinsky e os arredores dos distritos de Nukus e Muynaksky estão enriquecidos com elementos como Sc, La, Ce, Sm, Eu, Tb, Yb, Y, que se distribuem mais uniformemente dentro dos limites dos erros de determinação dos elementos (Zhumamuratov et al., 2005). Aparentemente, este grupo de elementos faz parte dos fertilizantes de fósforo e a sua aplicação levou à contaminação do solo nesta região.

Uma análise comparativa com os dados da literatura mostra que, nos últimos anos, as camadas de solo arável foram enriquecidas com Na, Sc, Mn, Fe, Co, Rb, Sb, Cs, Ba, La, Ce, Eu, Tb, Th, U e outros elementos químicos. O processo de enriquecimento de Na, Sb, Cs, Ba, La, Ce pode ser associado à irrigação de águas salinas por precipitação de partículas de aerossol, à aplicação de fertilizantes minerais e à elevação do nível das águas subterrâneas até à superfície da terra, que contêm concentrações elevadas de muitos elementos químicos.

Assim, quase todos os ambientes naturais, incluindo os alimentos, foram contaminados com pesticidas. Descrevendo a influência de factores ambientais extremos no corpo humano, os investigadores em experiências com animais mostraram que vários xenobióticos encontrados no ambiente da região do Mar de Aral causam uma violação dos processos fisiológicos no corpo animal.

Por exemplo, a ingestão de uma quantidade crescente de aerossol de poeira salgada, bem como de soluções de elementos minerais que simulam a composição dos elementos minerais encontrados no Mar de Aral e nos reservatórios adjacentes da região do Mar de Aral, altera a síntese de glicose no fígado, a atividade dos seus sistemas enzimáticos, contribui para a acumulação de glicogénio no fígado e para uma diminuição da glicose no sangue. Este fator tem um efeito negativo na energia das mitocôndrias e nos processos energéticos celulares e subcelulares subtis, alguns dos quais se integram num organismo em crescimento e integral (Mahmudov et al., 2007).

Por último, vários investigadores descobriram alterações profundas nos tecidos do corpo, nas funções dos órgãos digestivos em animais em crescimento e adultos que consumiram vários sais de metais pesados (cádmio, chumbo, arsénico, etc.) com os quais os animais eram caçados, levando à perturbação da atividade funcional de órgãos individuais e estruturas intracelulares (Mahmudov et al., 2007).

Tudo isto indica que os factores acima referidos, que actuam constantemente sobre o corpo das pessoas que vivem na região do Mar de Aral, conduzem ao stress ambiental do corpo, reduzindo a sua estabilidade e, em última análise, reduzindo as capacidades de reserva dos atletas e conduzindo a um enfraquecimento das capacidades de adaptação das pessoas e da sua resistência às doenças.

Conclusões sobre o capítulo 3

Na região do Sul do Mar de Aral (República de Karakalpakstan) formou-se um conjunto complexo de problemas ambientais que, de certa forma, afectam a saúde da população. A situação atual exige uma transição para uma nova estratégia de escolha ativa e correcta de soluções que evitem as consequências negativas da crise ambiental na região. A má qualidade da água potável, sobreposta ao clima quente e acentuadamente continental da região meridional do Mar de Aral, piora as condições de vida da população, constitui a base de um complexo de doenças associadas ao fator água. Os principais poluentes atmosféricos em Karakalpakstan, que actuam em toda a região, são aerossóis de sal provenientes do fundo drenado do Mar de Aral. Sendo a poluição em maior escala da superfície subjacente na região sul do Mar de Aral, o aerossol salino pode ser considerado o principal fator de degradação do ecossistema e de toda a biota.

CAPÍTULO 4
CONDICIONALIDADE AMBIENTAL DA DIABETES MELLITUS TIPO I NA POPULAÇÃO DA REGIÃO DO MAR DE ARAL

4.1. Análise da incidência e prevalência da diabetes tipo 1 entre crianças e adolescentes nascidos e residentes em várias zonas da região meridional do Mar de Aral

No contexto dos processos sócio-políticos e sócio-económicos em vários países, da deterioração da situação ambiental, do aumento da morbilidade e da mortalidade em todos os grupos da população, o problema da saúde nacional é proporcional aos problemas de segurança nacional e está diretamente relacionado com os problemas de segurança ambiental (Sidorenko et al., 1994).

O modo moderno de desenvolvimento da produção leva à degradação da biosfera e à perda da sua capacidade de manter a qualidade do ambiente necessária à vida. A intensidade dos efeitos nocivos no corpo humano está a aumentar (Ochilov, 2006). Por conseguinte, a questão mais importante é a necessidade de estudar a natureza destes impactos no contexto das alterações globais do ambiente natural e do clima e de criar um sistema de gestão da segurança ambiental capaz de melhorar a qualidade de vida, a saúde e aumentar a esperança de vida da população, reduzindo os efeitos adversos dos poluentes no ambiente (Zvinyakovsky, 1979).

O problema da melhoria do estado do ambiente e da preservação dos recursos naturais é uma das maiores prioridades em termos de importância e relevância, uma vez que na era da revolução científica e tecnológica a atividade humana adquire a escala de processos globais, o que na prática levou à criação de regiões perigosas, zonas separadas de condições ambientais intensas, deterioração da saúde humana, causando danos significativos à natureza. Por conseguinte, o problema do desenvolvimento de uma política ambiental eficaz é extremamente urgente neste momento.

A solução para o problema do estabelecimento de relações causais entre factores ambientais nocivos e a saúde humana deve-se, em grande medida, à complexidade e imprevisibilidade da resposta do organismo a várias influências ambientais, à intensidade dos próprios factores, bem como à natureza não específica da resposta do organismo à ação de um grande número de influências químicas, físicas e biológicas.

O principal objetivo estratégico da política ambiental do Estado, com base na doutrina, é preservar os sistemas naturais, manter as suas funções de suporte de vida para o desenvolvimento sustentável da sociedade, melhorar a qualidade de vida, melhorar a saúde pública e garantir a segurança ambiental do país. Embora os mecanismos de influência ambiental na saúde sejam desconhecidos em muitos casos (a dependência estatística não significa uma relação causal direta), apenas os parâmetros para os quais essa dependência foi identificada podem servir de indicadores no estudo da saúde ambiental.

De acordo com os dados mais recentes dos cientistas, o desenvolvimento da diabetes tipo 1 resulta da destruição autoimune das células beta do pâncreas e está associado tanto a uma predisposição genética como à influência de factores ambientais (Butalia et al., 2016). Os factores externos também podem contribuir. Os potenciais factores que desencadeiam a destruição imunologicamente mediada das células β incluem vírus (por exemplo, enterovírus, paromixovírus, rubéola), produtos químicos tóxicos, exposição ao leite de vaca na infância e citotoxinas. Pode haver combinações de factores.

A análise da dinâmica da incidência da diabetes de tipo 1 na população da região do Mar de Aral mostrou que se regista um aumento gradual do indicador sem tendência para a diminuição (Fig. 23).

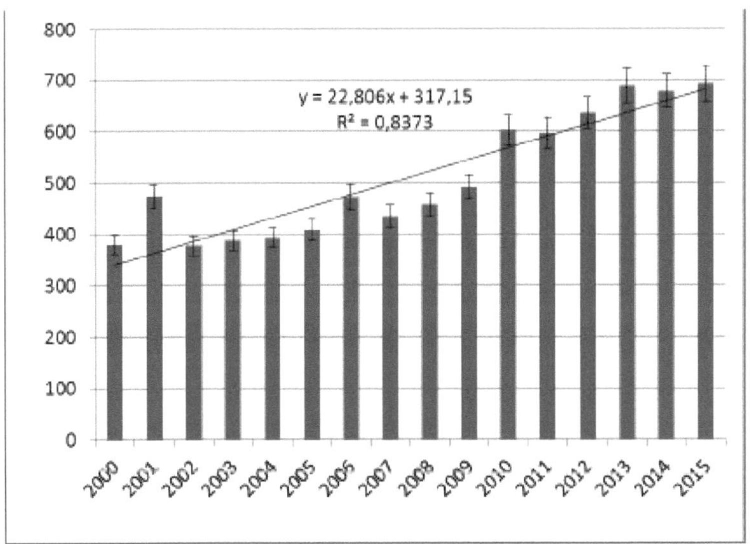

Fig.23. Dinâmica da incidência de diabetes tipo I na população Região do Sul do Mar de Aral (abs.) ($p<0,001$)

A diabetes mellitus é um dos problemas globais do nosso tempo. Ocupa o décimo terceiro lugar no ranking das causas de morte mais comuns, depois das doenças cardiovasculares e oncológicas, e mantém firmemente o primeiro lugar entre as causas de cegueira e insuficiência renal. Ocupando 60-70% da estrutura das doenças endócrinas, a diabetes mellitus é a patologia endócrina mais comum (www.dialand.ru).

A utilização correcta de abordagens de monitorização para avaliar e prever situações médicas e ambientais na região, tendo em conta o aspeto espacial, requer a implementação de uma abordagem multivariada para modelizar a informação recebida e determina as perspectivas desta direção.

Como se pode ver na Fig.21, se em 2000 o indicador era de 380, em

2013-2015 este indicador quase duplicou (689-694 por 100 mil pessoas). Os valores máximos foram observados em 2001, 2006, 2010 e 2013-2015. Existem dois períodos na dinâmica da incidência da diabetes na população:

1) 2000-2007 - um período de estabilidade a um certo nível com alguns momentos de perturbação;

2) de 2008 até à atualidade, registou-se um período de aumento lento mas constante da incidência na população. A tendência exponencial indica um aumento da taxa de crescimento anual da incidência de diabetes entre a população da região meridional do Mar de Aral.

Recentemente, o problema do diagnóstico pré-natológico tem-se tornado cada vez mais relevante. A análise de várias formas de resposta do organismo aos efeitos de factores adversos de baixa intensidade, a procura de critérios disponíveis para a deteção precoce de alterações pré-natais são tarefas urgentes da ciência higiénica (Ibragimov, 1992; Sidorenko, 1994).

Um dos indicadores mais sensíveis a uma alteração da qualidade ambiental é o estado de saúde da população infantil (Veltishchev, 1992; Shiryaeva et al., 2010).

Uma análise da literatura científica e dos resultados dos estudos realizados permitiu-nos concluir que o estado de saúde das crianças que vivem em cidades industriais em todos os grupos etários pode ser avaliado como desfavorável e, se as tendências actuais persistirem, podemos esperar uma ausência completa de crianças saudáveis na próxima geração (Boev et al., 2007; Denisova et al., 2005).

A análise da dinâmica da incidência primária da diabetes tipo I entre crianças e adolescentes em Karakalpakstan (2000-2012) mostrou que há um aumento significativo da morbilidade primária nas crianças, mas, ao mesmo tempo, a tendência de deteção da morbilidade primária entre os adolescentes permanece algo estável (Fig. 24, 25).

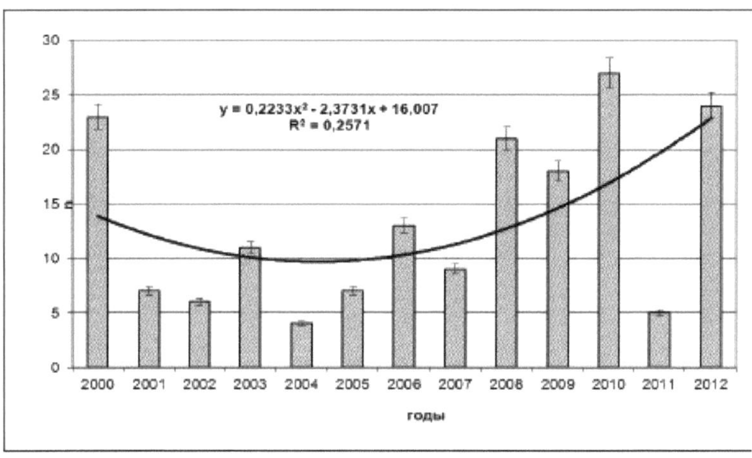

24. Dinâmica da incidência primária de diabetes tipo I entre as crianças da região do Mar de Aral (por 100 mil pessoas) (p<0,05)

Os principais valores máximos de morbilidade primária entre a população infantil foram observados em 2000, 2008, 2010 e 2012, na população adolescente - em 2006, 2009 e 2010.

A nossa análise da morbilidade na população geral da região meridional do Mar de Aral, em função do sexo, indica uma maior incidência na metade masculina da população em comparação com a metade feminina da população que vive na região do Mar de Aral (Fig. 26).

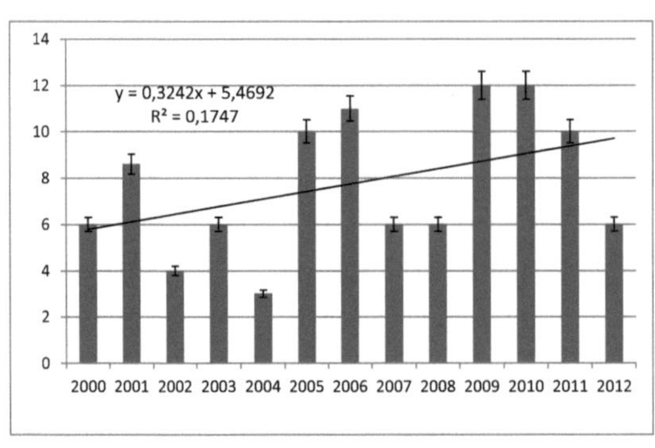

Fig.25 Dinâmica da incidência primária da diabetes tipo I entre os adolescentes da região do Mar de Aral (por 100 mil pessoas) ($p<0,001$)

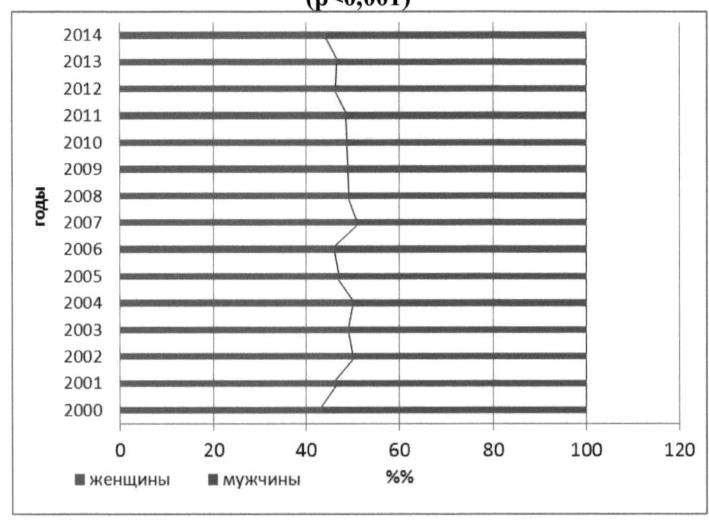

Fig. 26. Percentagem de doentes a longo prazo Diabetes de tipo I na população da região meridional do Mar de Aral em função do género (por 100 mil pessoas).

A percentagem global, segundo o sexo, mostra que 52,3% dos casos são homens e 47,7% são mulheres (Fig.27).

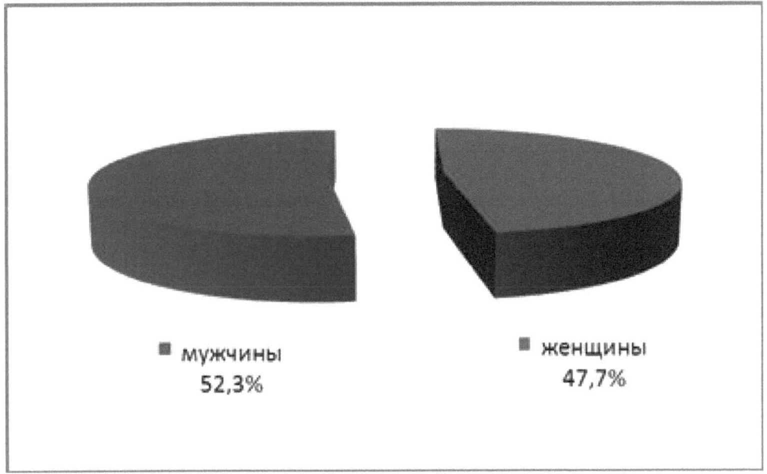

Fig. 27. Percentagem de casos de diabetes de tipo I na população da região do Mar de Aral Meridional, em função do género (por 100 mil pessoas)

Os homens predominam ligeiramente entre as pessoas examinadas com diabetes mellitus, o que se deve ao facto de os homens, de acordo com muitos especialistas, terem factores de risco adicionais para desenvolver diabetes mellitus (Ametov, 1998; Misnikova, 1999; Debost-Legrand, 2016).

A análise mostrou que entre as crianças pequenas, o maior aumento foi observado em 2001, 2010, 2012, 2013. Entre a população adolescente, o aumento máximo da morbidade foi observado em 2001, 2006 e 2014, ou seja, vários picos na taxa de crescimento na dinâmica temporal de longo prazo. No grupo de adolescentes (15-17 anos), durante o período de tempo analisado, as taxas de prevalência e morbilidade foram as mais elevadas (14,8±0,15 e 12,3±0,81 por 100.000 adolescentes, respetivamente).

Numa análise comparativa da dinâmica da tendência linear da taxa de incidência em crianças e adolescentes, verifica-se que este grupo etário de doentes apresenta uma taxa de crescimento superior (Fig. 28). O aumento da taxa de morbilidade da população infantil deveu-se à taxa de crescimento (4,06%) ao ano, enquanto que para a população adolescente também se regista um aumento gradual da taxa de crescimento anual, que ascendeu a 2,8%.

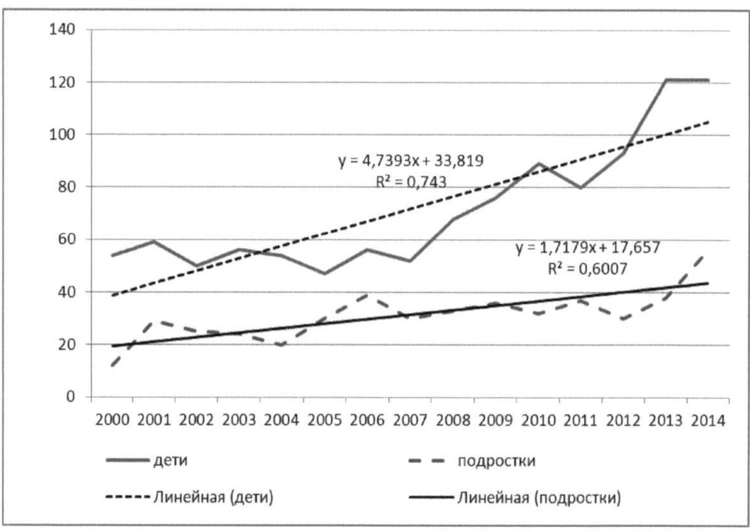

Figura 28 Dinâmica comparativa da taxa de crescimento da diabetes tipo 1 em crianças e adolescentes na região do Mar de Aral

Tendo em conta o que precede, verificamos que o problema do aumento da incidência da diabetes de tipo I nas crianças e adolescentes atrai sempre a atenção devido às dificuldades em conseguir a compensação da doença nesta categoria de doentes (Garipova, 2007;

Karmanov, 1992; Kasatkina, 1996). É também um facto significativo que o corpo da criança é mais suscetível aos efeitos de factores ambientais adversos.

4.2. Avaliação quantitativa da contribuição dos factores ambientais para a incidência de diabetes na população da região do Mar de Aral

A proteção do ambiente no interesse da melhoria da saúde pública é um dos problemas mais importantes do desenvolvimento económico e social da sociedade na fase atual. Na resolução deste problema complexo e multidimensional, a prioridade pertence à investigação médica e geográfica sobre a prevenção de possíveis efeitos adversos do ambiente humano como o mais importante fator de formação do sistema na implementação de medidas nacionais de proteção ambiental. A carga antropogénica é o grau de impacto direto ou indireto de uma pessoa e da sua gestão sobre a natureza circundante ou sobre os seus componentes e elementos ecológicos individuais.

Desde há muitos anos que o Usbequistão e os países da região da Ásia Central têm vindo a desenvolver grandes esforços para ultrapassar as consequências da crise ambiental. Os problemas de atenuação das consequências da catástrofe do Mar de Aral, de melhoria da situação ambiental e económica, de prevenção da poluição, de preservação da biodiversidade do mundo animal e vegetal, da saúde e do património genético da população continuam a ser a principal tarefa do governo e dos cientistas do Usbequistão.

As consequências dos efeitos adversos dos factores ambientais no corpo humano podem manifestar-se de diferentes formas. As intoxicações e afecções agudas apresentam determinados sintomas clínicos. As doenças crónicas podem ocorrer quando expostas a baixas doses de produtos químicos e são geralmente atípicas, o que torna extremamente difícil provar a existência de um fator ambiental na ocorrência destas doenças. O impacto a longo prazo da poluição antropogénica pode ser assintomático, mas, no entanto, leva ao início precoce dos processos de envelhecimento e a uma redução da esperança de vida. O efeito assintomático a longo prazo da poluição antropogénica pode eventualmente resultar num quadro clínico pronunciado da doença. O efeito mutagénico pode manifestar-se num aumento da frequência de aberrações cromossómicas nas células somáticas e germinativas, o que conduz a neoplasias, anomalias fetais e infertilidade. As gravidezes e os nascimentos desfavoráveis são mais frequentes nas zonas poluídas.

Sabe-se que os principais factores que determinam a saúde da população são as propriedades biológicas do organismo (propriedades endógenas), as condições naturais e climáticas (paisagem, clima, flora e fauna), o ambiente social (nível de desenvolvimento da indústria, agricultura, saúde, cultura, estrutura demográfica da população, condições de vida, qualidade da habitação, etc.). O conceito de multicriterialidade determina o desenvolvimento de um sistema de abordagens de base científica para a avaliação das normas sanitárias (Abusuev et al., 1995).

A diversidade das condições naturais exige uma abordagem especial na investigação ecológica e fisiológica moderna. O elo central destes estudos é o estudo dos níveis de adaptação (morfológica, funcional) de diferentes grupos populacionais em função da região de residência. A este respeito, é necessária uma análise abrangente do território, que permita identificar áreas com diferentes graus de exposição a factores de risco naturais na formação da saúde pública (Aghajanyan et al., 2000).

O modelo de Copenhaga de destruição autoimune das células β é geralmente aceite, sendo o lugar central atribuído aos antigénios do complexo principal de histocompatibilidade (HIA) e às citocinas IL-1, TNF e IF. De acordo com o conceito moderno, a diabetes tipo 1 desenvolve-se devido à influência de factores ambientais num organismo geneticamente predisposto, e a contribuição dos factores genéticos para o desenvolvimento desta doença é de 60-80% (Balabolkin, 1997).

O estudo dos principais indicadores epidemiológicos da diabetes tipo I entre a população infantil e adolescente da República de Karakalpakstan, de acordo com o registo para o período 2000-2012, revelou um aumento significativo da morbilidade primária nas crianças, mas, ao mesmo tempo, a tendência polinomial na deteção da morbilidade primária entre os adolescentes permanece algo estável (Fig. 29).

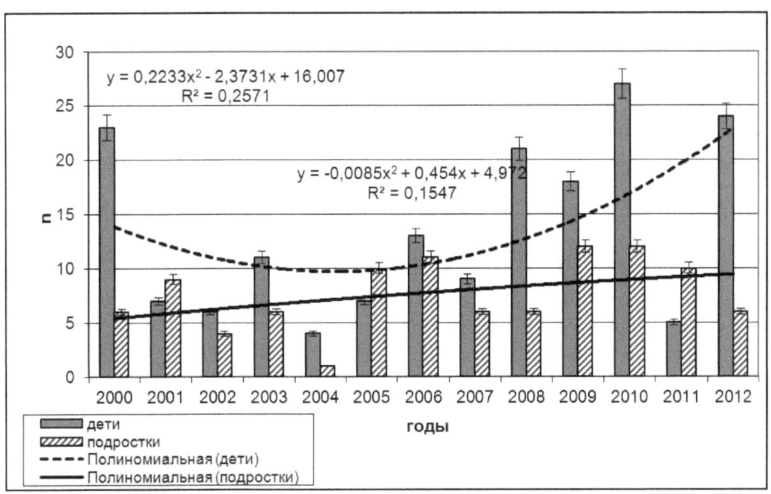

29. Dinâmica da incidência primária da diabetes tipo I entre crianças e adolescentes de Karakalpakstan

O aumento da prevalência da diabetes no conjunto da República revelou a necessidade de estudar a relação entre a formação do nível, a estrutura e a prevalência destas doenças e os indicadores de poluição antropogénica, que tem atualmente uma importância considerável. São necessárias informações fiáveis sobre a poluição antropogénica para identificar os factores de risco ambiental para a morbilidade da população. A análise mostrou que os principais valores máximos de morbilidade primária entre a população infantil foram observados em 2000, 2008, 2010 e 2012, na população adolescente - em 2006, 2009 e 2010.

Os métodos atualmente utilizados de avaliação do estado do ambiente nem sempre são informativos devido à falta de uniformidade das condições experimentais e das observações, que são um requisito necessário dos métodos estatísticos tradicionais de tratamento e análise de dados. É necessário aplicar métodos de avaliação da poluição ambiental que possam dar uma ideia objetiva do seu estado.

Na primeira fase da investigação, como resultado da monitorização ambiental a longo prazo do estado do ambiente e dos indicadores de morbilidade da população, foram estabelecidas as peculiaridades da situação ecológica no território da região sul do Mar de Aral, que incluem uma poluição significativa do ar atmosférico, água potável, terras agrícolas, massas de água com águas residuais domésticas e domésticas.

A influência do ambiente na saúde da população é avaliada pelos coeficientes de correlação entre o grau de gravidade do fator e os indicadores das características quantitativas da saúde (Quadro 8). A análise mostrou que a correlação mais significativa foi encontrada entre a disponibilidade de água da torneira entre os grupos populacionais em consideração e a incidência de diabetes tipo I, em que os coeficientes de correlação foram R=0,34 (para as crianças e a população adolescente) e R= 0,21 (para a população adulta). Foram encontradas correlações entre a quantidade residual de pesticidas nos alimentos e a incidência de diabetes tipo I. Assim, para a população infantil, o coeficiente de correlação foi de R= 0,28, e para a população adulta, o coeficiente de correlação foi ligeiramente superior - R= 0,35.

Quadro 8

Valores dos coeficientes de correlação entre a incidência de diabetes tipo I na população e os parâmetros ambientais na região do Mar de Aral (2000-2016)

Параметры окружающей среды	Показатели заболеваемости СД I типа	
	Среди детей и подростков	Среди взрослого населения
Остаточное кол-во пестицидов в пищевых продуктах	0, 28 p<0,05	0,35 p<0,005

(ГХЦГ, ДДТ, Бутифос)		
Жесткость питьевой воды 6,0 -18,0 мг экв/л	-0,41 p<0,001	0,22 p<0,001
Минерализация питьевой воды 750-1800 мг/л	-	-0,07 p<0,005
Присутствие нитратов в воде 40-120 мг/л	-	-0,36 p<0,005
Хлориды в питьевой воде 143 ±10,6 мг/дм^3	-0,18 p<0,005	-0,27 p<0,005
Сульфаты в питьевой воде 700,0±36,2 мг/дм^3	-0,08 p<0,001	0,19 p<0,001

O fator mais importante que afecta a saúde humana é a qualidade da água potável. Os problemas relacionados com os componentes químicos da água potável surgem principalmente devido à sua capacidade de produzir efeitos adversos para a saúde com uma exposição prolongada. De particular importância neste caso são os poluentes que têm um efeito tóxico cumulativo, por exemplo, os metais pesados e as substâncias cancerígenas.

Os dados obtidos confirmam a informação sobre a existência de uma relação entre factores negativos e a morbilidade da população que vive na região do Mar de Aral (Eschanov, 2000). A nossa investigação confirma o facto bem conhecido sobre a influência pronunciada de um fator como o fornecimento de água da torneira à população no risco de desenvolvimento de diabetes tipo I entre a população, o que confirma a necessidade vital de fornecer à população uma fonte centralizada de abastecimento de água (Gichev, 2003; Ilyinsky et al., 2004; Boguski, 1991).

De acordo com os peritos, os seguintes poluentes atmosféricos são os mais significativamente afectados por factores antropogénicos. Assim, mesmo em pequenas concentrações, os poluentes atmosféricos, enfraquecendo as propriedades protectoras do organismo, tornam-no menos protegido da influência de factores exógenos e endógenos adversos (Ibragimov, 1992; Kamildzhanov, 2003). Com base na análise de correlação efectuada, foram reveladas relações correlativas entre a incidência de diabetes tipo I na população e os parâmetros de poluição atmosférica na região do Mar de Aral (Quadro 9).

Note-se que o indicador máximo do coeficiente de correlação foi encontrado entre a morbilidade da população adulta e infantil e o teor de óxido de azoto no ar atmosférico (R=0,64 e R=0,27, respetivamente), bem como com um parâmetro como o monóxido de carbono (R=0,39 e R=0,18, respetivamente).

Quadro 9

Indicadores da correlação entre a incidência de diabetes tipo I na população e os parâmetros de poluição atmosférica na região do Mar de Aral

Группы населения	**Наименование параметра**			
	Окись азота	Окись углерода	Аммиак	Бензпирен
Взрослое	R=0,64 (p<0,005)	R=0,39 (p<0,05)	R=0,24 (p<0,005)	R=0,7 (p<0,05)

Детское и подростковое	R=0,27 (p<0,05)	R=0,18 (p<0,005)	–	R=0,8 (p<0,05)

Nota: Os valores são indicados apenas para coeficientes de correlação fiáveis.

O passo seguinte foi a realização de uma análise fatorial, que permite identificar a estrutura das relações num conjunto de características, para testar hipóteses sobre as relações e a interdependência das características. Note-se que a análise da distribuição da variância explicada foi realizada apenas para os factores exógenos. A parte restante deve-se, aparentemente, a factores não explicados e endógenos.

De acordo com os resultados da análise, verificou-se que a principal contribuição para a incidência da diabetes tipo I entre a população que vive nas regiões meridionais de Karakalpakstan é feita pelo fator água, a sua contribuição é de 2,34%, a poluição do solo é ligeiramente inferior - até 1,15%. A poluição atmosférica também desempenha um papel negativo, com um impacto de 0,76% (Fig. 30-32).

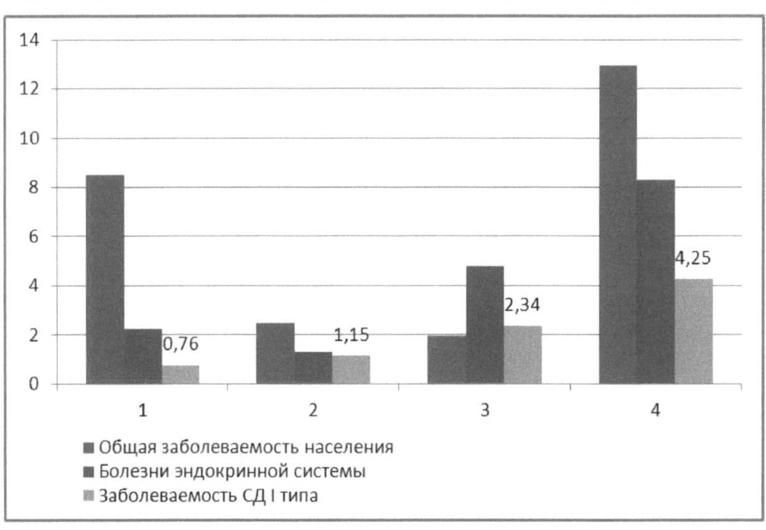

Fig. 30. Contribuição da poluição antropogénica para a incidência da

diabetes tipo I na zona sul Região do Mar de Aral (%)

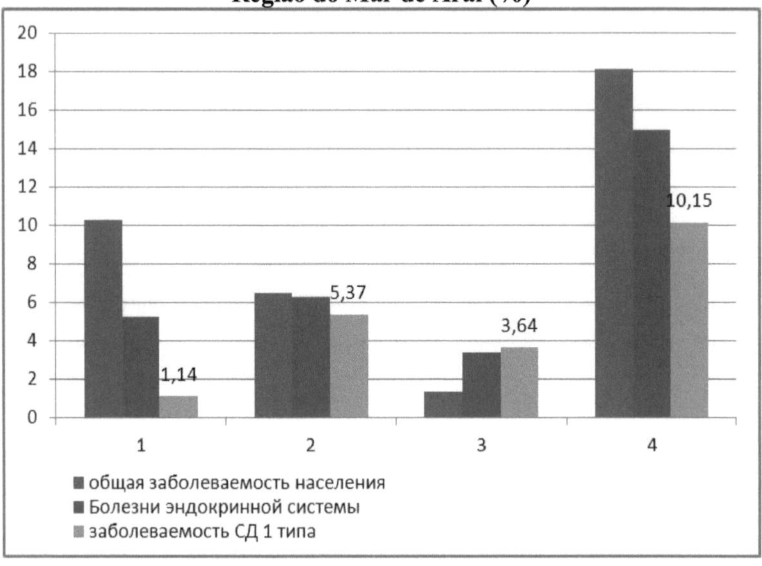

Figura 31. Contribuição da poluição antropogénica para a incidência de diabetes tipo I na região central do país zona da região do Mar de Aral (%)

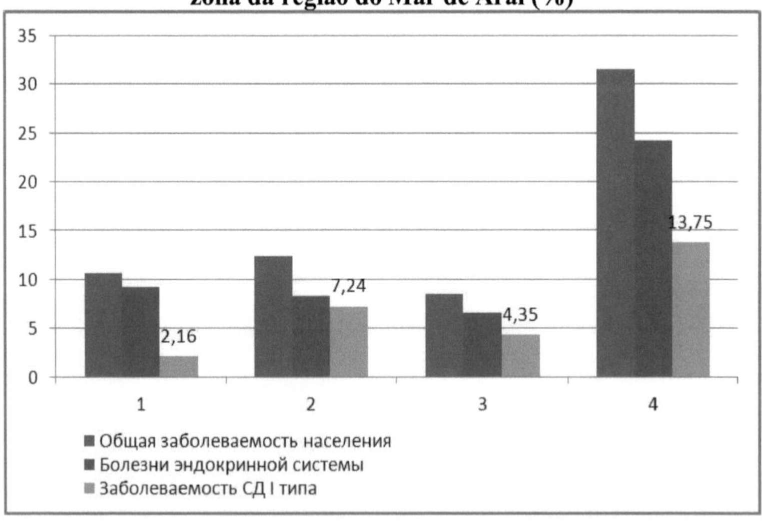

Figura 32. Contribuição da poluição antropogénica para a incidência de diabetes de tipo I na zona norte da região do Mar de

Aral (%)

Nota:

1. Poluição atmosférica
2. Poluição dos solos
3. Qualidade da água potável e águas residuais poluídas
4. Coeficiente de determinação múltipla R2

O fator mais importante que afecta a saúde humana é a qualidade da água potável. Os problemas relacionados com os componentes químicos da água potável surgem principalmente devido à sua capacidade de ter um efeito adverso na saúde com uma exposição prolongada (Konstantinova et al., 1999; 2001; Kurbanov et al., 2003). Estudos demonstraram que a proporção de substâncias excessivamente poluentes na composição das águas residuais descarregadas em reservatórios abertos da república, bem como a qualidade da água potável que não cumpre as normas GOST (GOST 950-2011 - Água potável), aumentam a sua influência na ocorrência de diabetes tipo I nos territórios inquiridos da república e iniciam o seu desenvolvimento (de 2,34% para 4,35%) (fig. 33).

A análise revelou uma correlação significativa entre o estado da qualidade da água potável e a morbilidade geral da população da região (R=0,87). Ao mesmo tempo, é de notar que a contribuição identificada da exposição à poluição da água potável e doméstica para o risco de desenvolver diabetes de tipo 1 é maior na zona de sofrimento ambiental (zona 1) em comparação com a zona de bem-estar ambiental (zona 3).

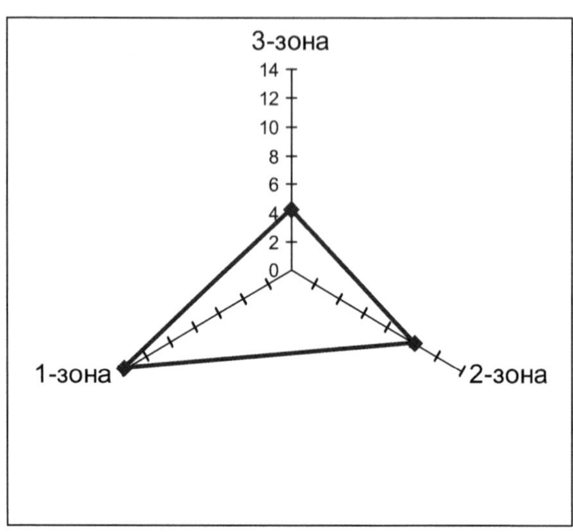

Fig. 33 Contribuição da influência da água poluída para a iniciação do desenvolvimento da diabetes de tipo 1 na população da região do Mar de Aral

Os resultados obtidos indicam uma maior contribuição das cargas de pesticidas não só no corpo da criança, mas também no corpo da população adulta que vive em áreas com condições ambientais desfavoráveis, o que provavelmente causa danos dependentes do ambiente à função endócrina do pâncreas com o início da diabetes tipo I em 7,24% dos casos.

Com base nos estudos realizados, verificou-se que a percentagem da influência dos factores ambientais adversos nos indicadores epidemiológicos da diabetes de tipo I aumenta com o aumento do stress ambiental. Em condições ecologicamente favoráveis dos territórios de Karakalpakstan, a incidência de diabetes tipo I depende de factores ambientais em 4,25% dos casos, em condições ecologicamente favoráveis

- em 10,15% dos casos, em condições ambientalmente desfavoráveis - em 13,75% dos casos.

Verifica-se que, nos territórios considerados de Karakalpakstan, um estado ecologicamente condicionalmente favorável do ambiente externo com níveis médios e baixos de poluição ocorre nas regiões central e meridional, e um estado ecologicamente desfavorável do habitat com níveis elevados de poluição ocorre nas regiões setentrionais de Karakalpakstan.

Assim, as tendências negativas reveladas nos indicadores do estado morfofuncional indicam um aumento do risco ambiental. A fim de melhorar a situação natural e ecológica da região do Mar de Aral e a saúde da população viva, é necessário reforçar o regime de controlo das actividades de proteção ambiental, bem como tomar medidas para preservar a sustentabilidade do ambiente natural.

4.3. Princípios ecológicos da previsão da incidência da diabetes na população da região do Mar de Aral

As informações obtidas sobre a morbilidade e a classificação ecológica das zonas de morbilidade permitem avaliar o estado da morbilidade por unidades territoriais para efetuar uma avaliação global da morbilidade, tendo em conta os resultados de previsão obtidos e a classificação tendo em conta uma abordagem integrada.

Como modelo principal da série, considera-se a sua representação sob a forma de um polinómio de baixo grau, cujos coeficientes se alteram lentamente ao longo do tempo:

$y(t)=ax(t)+(1-a)y(t-1)$ (1)

em que a é o parâmetro de alisamento.

O valor inicial da tendência depende do seu tipo:

para uma tendência linear

$$S(O) = (x(n) - x(l))/(n-1);$$

$$y(o)=x(l)-s(O)/2 \quad (2)$$

A utilização de modelos de simulação do prognóstico e dos resultados da evolução da incidência da diabetes de tipo 1 reflecte uma das vertentes da análise da morbilidade. Mas, para avaliar o risco de morbilidade por unidades territoriais, é necessário analisar a tendência e a dinâmica da evolução da morbilidade, o que permitirá uma avaliação global do estado e da evolução da morbilidade, de forma a planear e implementar mais razoavelmente medidas terapêuticas e preventivas para as unidades territoriais, tendo em conta a avaliação do risco de morbilidade.

A análise e a verificação dos modelos de previsão mostraram que a precisão da previsão é suficientemente elevada e que os resultados obtidos são aceitáveis para a tomada de decisões de gestão no processo de escolha de medidas preventivas e de reabilitação na formação de programas integrados orientados.

Com base na modelação, os distritos da região do Sul do Mar de Aral foram classificados de acordo com a incidência de diabetes tipo I. Como resultado da análise de agrupamento, todos os distritos da região foram divididos em três classes, de acordo com a diabetes tipo I.

O processamento estatístico foi efectuado utilizando o pacote de software biomédico CSS e a distância euclidiana foi utilizada como medida de proximidade.

Os resultados da classificação dos distritos são apresentados na Fig. 34. A análise de agrupamento permitiu-nos identificar 3 classes, entre as quais 1 é uma classe com um nível baixo de doenças; 2 é uma classe com um nível médio de doenças; 3 é uma classe com um nível elevado de doenças (Varaksin, 2006).

Fig. 34 Classificação dos distritos da região do Sul do Mar de Aral com base na análise de agrupamento

É de notar que todas as regiões meridionais da região do Mar de Aral - Amudarya, Beruniysky, Ellikkalinsky e Turtkul - foram afectadas à classe 1, com uma baixa incidência prevista de diabetes de tipo I. Para a segunda classe, com um nível médio de doenças, apenas foram afectados os distritos de Nukus, Kegeyli, Cimbai e Karauzyak das regiões centrais. E as seguintes regiões do norte foram identificadas como classe 3, com uma alta incidência esperada de diabetes tipo 1: Muinak, Takhtakupyrsky e Kungrad, Kanlykul, bem como da zona central - distritos de Shumanai, Khodzheli.

Com base nos estudos realizados, verificou-se que a percentagem da influência dos factores ambientais adversos nos indicadores epidemiológicos da diabetes de tipo I aumenta com o aumento do stress ambiental. Os resultados dos estudos realizados também nos permitiram estabelecer que, em condições ecologicamente favoráveis dos territórios de Karakalpakstan, a incidência de diabetes tipo I depende de factores ambientais em 4,25% dos casos, em condições ecologicamente favoráveis - em 10,15% dos casos, em condições ambientalmente desfavoráveis - em

13,75% dos casos (Fig. 35).

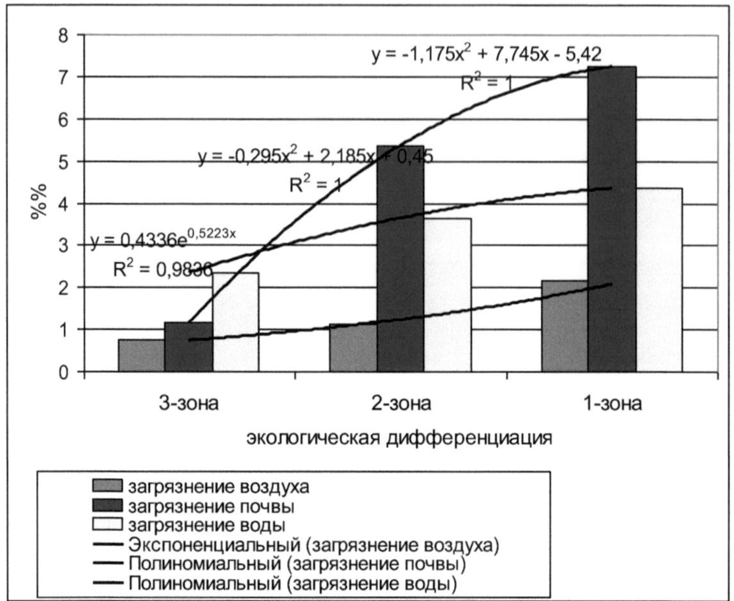

35. A contribuição da influência de factores ambientais adversos nos indicadores epidemiológicos da diabetes tipo I

Como se pode ver no diagrama, a tendência exponencial mostra um aumento gradual das taxas de crescimento anual da zona relativamente favorável (regiões do Sul) para a zona de risco ambiental (regiões do Norte). Note-se que a tendência polinomial mostra um aumento acentuado das taxas de crescimento da zona de relativo bem-estar (regiões do Sul) para a zona de risco ambiental (regiões do Norte).

Quanto ao nível de poluição dos recursos hídricos, a tendência polinomial também indica um aumento da taxa de aumento da poluição dos ambientes naturais (ar, água e solo) das regiões do sul para as regiões do centro e do norte. Ao analisar a influência dos factores ambientais nas características epidemiológicas da diabetes, foi estabelecida uma dependência significativamente significativa da prevalência e incidência da diabetes tipo I entre a população da região e o nível de poluição ambiental.

A relação estatística entre os indicadores de saúde e os factores ambientais depende dos mecanismos de influência ambiental sobre a saúde, que em muitos casos são desconhecidos (a dependência estatística não significa uma relação causal direta). É de notar que apenas os parâmetros para os quais essa dependência foi identificada podem servir de indicadores quando se estuda a saúde e o estado ambiental dos territórios desta região.

Assim, os resultados obtidos durante a investigação permitem-nos avaliar globalmente o estado e a evolução da morbilidade desta forma nosológica e planear e implementar mais razoavelmente medidas terapêuticas e preventivas para as unidades territoriais, tendo em conta a avaliação do risco de morbilidade.

Conclusões sobre o capítulo 4

A utilização correcta de abordagens de monitorização para avaliar e prever situações médicas e ambientais na região, tendo em conta o aspeto espacial, exige a implementação de uma abordagem multivariada para modelar a informação recebida e determina as perspectivas desta direção.

Com base nos estudos realizados, verificou-se que a percentagem da influência dos factores ambientais adversos nos indicadores epidemiológicos da diabetes de tipo I aumenta com o aumento do stress ambiental. Em condições ecologicamente favoráveis dos territórios de Karakalpakstan, a incidência de diabetes tipo I depende de factores ambientais em 4,25% dos casos, em condições ecologicamente favoráveis - em 10,15% dos casos, em condições ambientalmente desfavoráveis - em 13,75% dos casos.

O impacto dos factores ambientais na saúde pública em todos os casos (incluindo o risco de desenvolver diabetes tipo I) é complexo. De acordo com K. Levers (1975), a poluição ambiental é um "agente de stress secundário" que, em primeiro lugar, agrava o curso de uma doença existente ou aumenta o risco de desenvolvimento em pessoas predispostas a ela.

Os xenobióticos de origem antropotecnogénica têm efeitos destruidores de membranas não específicas, bloqueadores de enzimas (especialmente dos sistemas de defesa antioxidantes), mutagénicos e citotóxicos. Além disso, o ponto de aplicação dos mesmos são todas as estruturas celulares do corpo. É possível que a carga química endógena do meio biológico provoque um único mecanismo patogénico para a formação da patologia combinada do estômago e do aparelho endócrino do pâncreas. As interacções fisiopatológicas entre estas unidades funcionais determinam as relações causais no círculo patológico. De acordo com a literatura, recentemente, a ativação da peroxidação lipídica (LPO) e o sistema antioxidante (AOS) têm desempenhado um papel importante nos mecanismos de desenvolvimento da diabetes e das suas complicações.

Os especialistas também descobriram que os potenciais factores desencadeantes da destruição imunologicamente mediada das células beta incluem vírus (por exemplo, enterovírus, paromixovírus, rubéola, vírus Coxsackie B4), produtos químicos tóxicos, citotoxinas, sendo possível uma combinação de factores.

Assim, as tendências negativas reveladas nos indicadores do estado morfofuncional indicam um aumento do risco ambiental. A fim de melhorar a situação natural e ecológica da região do Mar de Aral e a saúde da população viva, é necessário reforçar o regime de controlo das actividades de proteção ambiental, bem como tomar medidas para preservar a sustentabilidade do ambiente natural.

CONCLUSÃO

O principal objetivo estratégico da política ambiental de qualquer Estado, com base na doutrina, é preservar os sistemas naturais, manter as suas funções de manutenção da vida para o desenvolvimento sustentável da sociedade, melhorar a qualidade de vida, melhorar a saúde pública e garantir a segurança ambiental do país. Embora os mecanismos de influência ambiental na saúde sejam desconhecidos em muitos casos (a dependência estatística não significa uma relação causal direta), apenas os parâmetros para os quais essa dependência foi identificada podem servir de indicadores no estudo da saúde ambiental.

A diabetes mellitus é um dos problemas globais do nosso tempo. Ocupa o décimo terceiro lugar no ranking das causas de morte mais comuns, a seguir às doenças cardiovasculares e oncológicas, e mantém firmemente o primeiro lugar entre as causas de cegueira e de insuficiência renal. Entre as patologias endócrinas, a diabetes mellitus ocupa o primeiro lugar em termos de prevalência (mais de 50% de todas as doenças endócrinas). A epidemiologia da diabetes mellitus ainda não foi suficientemente estudada.

Atualmente, a prevalência da diabetes mellitus manifesta entre a população dos países economicamente desenvolvidos atinge os 4%. A incidência da diabetes mellitus está a aumentar de forma constante. A cada 10-15 anos, o número de doentes em todos os países do mundo duplica. De acordo com o Comité de Peritos em Diabetes Mellitus da Organização Mundial de Saúde, "a diabetes e as suas complicações vasculares serão um fardo cada vez maior para a saúde pública".

A prevalência da diabetes mellitus é um fator significativo no aumento do número de doenças cardiovasculares que se desenvolvem na maioria dos doentes com diabetes mellitus.

É de notar que o aumento da incidência global da diabetes mellitus se deve em grande parte à incidência de crianças e jovens que não são propensos à obesidade, independentemente do nível de vida económico da população. A prevalência da diabetes não é a mesma em todo o lado. A diabetes mellitus é muito comum nos EUA, no Sul de Itália, na Alemanha, na Polónia, na China e raramente na Gronelândia, no Zimbabué e no Gana. No entanto, inquéritos de massa mostraram que há duas vezes mais doentes com formas latentes de diabetes do que doentes com diabetes manifesta. No entanto, existem determinadas condições e doenças que representam factores de risco em que a prevalência da diabetes mellitus atinge 15-30%.

Na região meridional do Mar de Aral (República de Karakalpakstan) formou-se um conjunto complexo de problemas ambientais que, de certa forma, afectam a saúde da população. A situação atual exige uma transição para uma nova estratégia de escolha ativa e correcta de soluções que evitem as consequências negativas da crise ambiental na região. A má qualidade da água potável, sobreposta ao clima quente e acentuadamente continental da região meridional do Mar de Aral, piora as condições de vida da população, constitui a base de um complexo de doenças associadas ao fator água. O principal poluente atmosférico em Karakalpakstan, que actua em toda a região, é o aerossol salino proveniente do fundo drenado do Mar de Aral. Sendo a poluição em maior escala da superfície subjacente na região sul do Mar de Aral, o aerossol salino pode ser considerado o principal fator de degradação do ecossistema e de toda a biota.

As consequências dos efeitos adversos dos factores ambientais no corpo humano podem manifestar-se de diferentes formas. As intoxicações e afecções agudas apresentam determinados sintomas clínicos. As doenças crónicas podem ocorrer quando expostas a baixas doses de produtos químicos e são geralmente atípicas, o que torna extremamente difícil provar a existência de um fator ambiental na ocorrência destas doenças. O impacto a longo prazo da poluição antropogénica pode ser assintomático, mas, no entanto, conduz ao início precoce de processos de envelhecimento e a uma redução da esperança de vida. O efeito assintomático a longo prazo da poluição antropogénica pode eventualmente resultar num quadro clínico pronunciado da doença.

O estudo dos principais indicadores epidemiológicos da diabetes tipo I entre a população infantil e adolescente da República de Karakalpakstan, de acordo com o registo para o período 2000-2012, revelou um aumento significativo da morbilidade primária nas crianças, mas, ao mesmo tempo, a tendência polinomial na deteção da morbilidade primária entre os adolescentes permanece algo estável. Uma análise comparativa da dinâmica da tendência linear na taxa de crescimento da morbilidade em crianças pequenas e adolescentes mostrou que este grupo etário de doentes tem uma taxa de crescimento mais elevada com uma significância baixa de 1% de aumento (0,04)

Os estudos mostraram que a proporção de substâncias excessivamente poluentes na composição das águas residuais descarregadas em reservatórios abertos da república, bem como a qualidade da água potável que não cumpre as normas GOST (GOST 950-2011 - Água potável), aumentam a sua influência na ocorrência de diabetes tipo I nos territórios inquiridos da república e iniciam o seu desenvolvimento (de 2,34% para 4,35%) (fig. 19).

A análise revelou uma correlação significativa entre o estado da qualidade da água potável e a morbilidade geral da população da região (R=0,87). Ao mesmo tempo, é de notar que a contribuição identificada da exposição à poluição da água potável e doméstica para o risco de desenvolver diabetes de tipo 1 é maior na zona de sofrimento ambiental (zona 1) em comparação com a zona de bem-estar ambiental (zona 3).

Os resultados obtidos indicam um aumento da contribuição das cargas de pesticidas não só no corpo da criança, mas também no corpo da população adulta que vive em áreas com condições ambientais desfavoráveis, o que provavelmente causa danos dependentes do ambiente na função endócrina do pâncreas com o início da diabetes tipo I em 7,24% dos casos.

Com base nos estudos realizados, verificou-se que a percentagem da influência dos factores ambientais adversos nos indicadores epidemiológicos da diabetes de tipo I aumenta com o aumento do stress ambiental. Em condições ecologicamente favoráveis dos territórios de Karakalpakstan, a incidência de diabetes tipo I depende de factores ambientais em 4,25% dos casos, em condições ecologicamente favoráveis - em 10,15% dos casos, em condições ambientalmente desfavoráveis - em 13,75% dos casos.

Com base nos resultados dos estudos realizados, verificou-se que a proporção da influência de factores ambientais adversos nos indicadores epidemiológicos da diabetes tipo I aumenta com o aumento do stress ambiental. Dos territórios considerados da região meridional do Mar de Aral, um estado ecologicamente condicionalmente favorável do ambiente externo com níveis médios e baixos de poluição ocorre nas regiões central e meridional, e um estado ecologicamente desfavorável do habitat com altos níveis de poluição ocorre nas regiões setentrionais da região meridional do Mar de Aral.

Dos territórios considerados da região meridional do Mar de Aral, um estado ecológico condicionalmente favorável do ambiente externo com níveis médios e baixos de poluição ocorre nas regiões central e meridional, e um estado ecológico desfavorável do habitat com níveis elevados de poluição ocorre nas regiões setentrionais da região meridional do Mar de Aral.

Pode presumir-se que os factores ambientais adversos na região podem ter um efeito ecomodificador em cada fase do desenvolvimento da diabetes tipo 1. De acordo com os peritos, os xenobióticos de origem antropotecnogénica têm efeitos destruidores de membranas não específicas, bloqueadores de enzimas (especialmente sistemas de defesa antioxidantes), mutagénicos e citotóxicos, cujo ponto de aplicação são todas as estruturas celulares do corpo. É possível que a carga química endógena de factores negativos no corpo humano provoque um único mecanismo patogénico para a formação da patologia combinada do estômago e do aparelho endócrino do pâncreas, e as interacções fisiopatológicas resultantes entre estas unidades funcionais fecham relações de causa e efeito num círculo patológico.

Assim, é possível constatar que a investigação efectuada permite tirar as seguintes conclusões.

1. Podem distinguir-se dois períodos na dinâmica da incidência da diabetes na população:
   1) 2000-2007 - um período de estabilidade a um certo nível com alguns momentos de perturbação;
   2) de 2008 até à atualidade, registou-se um período de aumento lento mas constante da incidência na população. A linearidade da tendência indica um aumento da taxa de crescimento da incidência de diabetes entre as crianças da região do Sul do Mar de Aral de ano para ano.

2. A análise comparativa da dinâmica da tendência linear da taxa de crescimento da morbilidade em crianças e adolescentes revelou que este grupo etário de doentes apresenta uma taxa de crescimento superior. O aumento da taxa de morbilidade da população infantil deveu-se à taxa de crescimento (4,06%) ao ano, quanto à população adolescente, verifica-se também um aumento gradual da taxa de crescimento anual, que ascendeu a 2,8%.

3. Os resultados obtidos indicam uma maior contribuição das cargas de pesticidas não só no corpo dos adultos, mas também no corpo das crianças nascidas e a viver em zonas com condições ambientais desfavoráveis, o que provavelmente causa danos dependentes do ambiente na função endócrina do pâncreas com o início da diabetes tipo I em 7,24% dos casos.
4. A proporção de substâncias excessivamente poluentes na composição das águas residuais descarregadas em reservatórios abertos da república, bem como a qualidade da água potável que não está em conformidade com as normas GOST, aumentam a sua influência na ocorrência de diabetes tipo I nos territórios inquiridos da república e iniciam o seu desenvolvimento (de 2,34% para 4,35%).
5. A percentagem da influência dos factores ambientais adversos nos indicadores epidemiológicos da diabetes de tipo I aumenta à medida que aumenta a carga ambiental. Dos territórios considerados de Karakalpakstan, um estado ecologicamente condicionalmente favorável do ambiente externo com níveis médios e baixos de poluição ocorre nas regiões central e sul, e um estado ecologicamente desfavorável do habitat com altos níveis de poluição ocorre nas regiões do norte de Karakalpakstan.
6. A utilização correcta de abordagens de monitorização para avaliar e prever situações médicas e ambientais na região, tendo em conta o aspeto espacial, requer a implementação de uma abordagem multivariada para modelar a informação ambiental e determina as perspectivas desta direção para resolver problemas no domínio da proteção ambiental e o seu impacto na saúde pública, utilizando as capacidades da tecnologia da informação.

LISTA DE LITERATURA UTILIZADA

1. Абдиров Ч.А., Агаджанян Н.А., Северин А.Е. Экология и здоровье человека.- Нукус: Каракалпакстан, 1993.- 184 с.

1. Абдиров Ч.А. Оценка экологической, социально-экономической ситуации Приаралья для улучшения здоровья человека в условиях дефицита питьевой воды // Вестник ККО АН РУз.- 1995.- № 4.- С. 12-15.

2. Абусуев С.А., Унтилов Г.В. Экологическая эпидемиология сахарного диабета у сельского населения Республики Дагестан // Проблемы эндокринологии. -1995. Т. 41, №3. - С. 7-10.

3. Абусуев, С.А. Экологические аспекты сахарного диабета в Дагестане: Автореф. дис. доктора мед. наук.- М., 1998. -38 с.

4. Агаджанян Н.А., Баевский Р.М., Берсенева А.П. Учение о здоровье и проблемы адаптации. Ставрополь: Изд-во Ставропольского гос. ун-та.- 2000. 204 с.

5. Агаджанян Н.А. Стунаков Г.П. Экология, здоровье, качество жизни.- М - Астрахань, 1996. - 260 с.

6. Алиев Т.А. , Ибрагимов А.З., Мамедгасанов Р.М. Влияние сахарного диабета на формирование половой конституции у мужчин // Азерб. мед. журнал. -1991. -№4. С. 16-21.

7. Аметов А.С. Стратегии в области сахарного диабета: начало новой эры // Русский мед. журнал. -1998. Т. 6, №12. -С. 752 -756.

8. Арзамасцева, Л.В. Медико-социальное исследование детей, больных сахарным диабетом: Автореф. дис. . канд. мед. наук. -М., 1991.-25 с.

9. Атаниязова О.А., Константинова Л.Г., Матсапаева И.В., Атаназаров К.М. Химический состав питьевых вод Республики Каракалпакстан // Вестник ККО АН РУз.- Нукус.- 1998.- № 7.- С. 10-15.

10. Ахмедов А., Юнусова И., Ризаева Б., Рахимов М.М. Свойства инсулин-деградирующего фермента. //Проблемы биологии и медицины. 2011. "2 (65). С.99-101.

11. Балаболкин М.И. Сахарный диабет.- М. Медицина, 1994.-365 с.

12. Балаболкин М.И. Состояние и перспективы борьбы с сахарным диабетом //Проблемы эндокринологии. 1997. -Т. 43, №6.-С. 3-9.

13. Балаболкин М.И, Дедов И.И. Генетические аспекты сахарного диабета / // Сахарный диабет. 2000. - № 1 - С. 2 - 9.
14. Бахиев А.Б., Трешкин С.Е., Мамутов Н.К., Бахиева П.А. Современные проблемы сохранения флористического разнообразия Южного Приаралья // Вестник ККО АН РУз.- 2001.- № 1-2.- С. 15-18.
15. Богданович В.Л. Сахарный диабет.- Н. Новгород, 1998.-192 с.
16. Боев В. М., Дунаев В. Н., Шагеев Р. М., Фролова Е. Г. Гигиеническая оценка формирования суммарного риска популяционному здоровью на урбанизированнных территориях // Гигиена и санитария. - 2007. - № 5. - С 12-14.
17. Буштуева К.А., Случанко И.С. Методы и критерии оценки состояния здоровья населения в связи с загрязнением окружающей среды. - М.: Медицина, 1979. - 160 с.
18. Вараксин А. Н. Статистические модели регрессионного типа в экологии и медицине / Екатеринбург: Гощицкий, 2006. - 256 с.
19. Вахрущева Л.Л. Факторы риска развития диабетических соединений при инсулинзависимом сахарном диабете у детей и подростков: Обзор // Педиатрия. -1991. -№2. С. 97-100.
20. Вельтищев Ю.Е., Фокеева В.В. Экология и здоровье детей (экотоксикологическое направление) // Материнство и детство. - 1992. - №12. - С.30-35.
21. Гарипова М.И. Изучение механизмов транспорта инсулина в крови человека. // Вестник Оренбургского государственного университета .-2007.-№ 75.-С.72-74.
22. Гичев Ю.П. Загрязнение окружающей среды и экологическая обусловленность патологии человека. Новосибирск: Наука. - 2003. - 136 с.
23. Голубов И.Р., Петр Б., Кашпар И. Методика эпидемиологического влияния атмосферных загрязнений на заболеваемость населения// Гигиенические аспекты охраны окружающей среды.- М.: Медицина, 1981.- С. 36-38.
24. Грачева Н.К., Князева А.П., Старосельцева Л.К.-В кн.: Актуальные проблемы физиологии биохимии и патологии эндокринной системы. М.-1972.- 328 С.
25. Дедов И.И. Сахарный диабет у детей и подростков, М. : ГЭОТАР-Медиаю- 2007.- 340 С.

26. Дедов И.И., Сунцов Ю.И., Кудрякова С.В. Государственный регистр сахарного диабета: распространённость инсулинозависимого диабета и его осложнений // Проблемы эндокринологии. -1997.-Т. 43, №6.-С. 10-13.
27. Дедов И.И., Шестакова М.В. Сахарный диабет: диагностика, лечение, профилактика // М.: Медицинское информационное агентство, 2011. - 808 с.
28. Денисова Е. Л., Горшков А. И., Ляхова Н. П. Влияние факторов среды обитания на состояние здоровья населения (на примере г. Орехово-Зуево) // Гигиена и санитария. - 2005. - № 1. - С.6-8.
29. Деряпа Н.Р., Матюхин В.А., Соломатин А.П. Итоги и перспективы развития исследований для медицинской климатологии и проблемы адаптации//Проблемы биоклиматологии и климатофизиологии. Новосибирск: Наука. - 1977. - С. 3 - 7.
30. Ещанов Т.Б. Проблемы охраны здоровья населения в зоне экологического бедствия // Вестник ККО АН РУз.- 1991.- № 1.- С.66-71.
31. Ещанов Т.Б., Бисалиев Н.Б. Здоровье населения Республики Каракалпакстан при сложившейся экологической ситуации // Экологические основы изучения проблем Приаралья: Материалы науч.-прак. конф. с междунар. участием. - Нукус: 1999. - Т.2. - С. 34-35.
32. Жакыпова А.Ж., Мамбетуллаева С.М. Параметры доверительного интервала в оценке качества питьевой воды Шуманайского района Республики Каракалпакстан // Вестник ККО АН РУз.- 2000.- № 1.- С. 34-35.
33. Жоллыбеков Б. Изменение почвенного покрова и ландшафтов Южного Приаралья в связи с антропогенным воздействием.- Нукус:Билим, 1995.- 244 с.
34. Жумамуратов А., Жумамуратов М.А, Хатамов Ш. Нейтронно-активационный анализ природных вод Каракалпакии. // Ж. Атомная энергия. - Москва, выпуск 1 т. 98, 2005. - С. 78-80.
35. Зайцева Н.В., Аверьянова Н.И., Корюкина И.П. Экология и здоровье детей Пермского региона. - Пермь, 1997. - 147 с.
36. Звиняковский Я.И. Влияние комплекса факторов окружающей среды на заболеваемость населения // Гигиена и санитария. 1979. - №4. - С.7-11.

37. Злобина Е.Н., Дедов И.И. Современные концепции иммунопатогенеза инсулинзависимого сахарного диабета: Обзор // Проблемы эндокринологии. -1993. Т. 39, №5. - С. 51-58.
38. Зыкова Т.А., Зыкова С.Н., Свистунов Д.Н. Структура причин смерти при сахарном диабете в Архангельской области // Проблемы эндокринологии. -1996. Т. 42, №1. - С. 18-19.
39. Иберла К. Факторный анализ. - М.: Статистика, 1980. - 398 с.
40. Иванов А. В. Имамов А. А., Титова А. А., Абдурахманова Н. С., Кузнецова О. В. Результаты социально-гигиенического мониторинга в Казани // Гигиена и санитария. - 2005. - № 5.
41. Ибрагимов, Т.К. Распространённость сахарного диабета в областях Узбекистана с учётом факторов риска и меры его профилактики// Автореф. дис. доктора мед. наук.- М., 1992. -30 с.
42. Ильинский И.И., Искандарова Ш.Т. Основные направления мониторинга местных планов действий по гигиене окружающей среды и охрана здоровья населения // Актуальные проблемы гигиены, санитарии и экологии: Материалы науч.-практ. конфер.- Ташкент, 2004.- С. 23-24.
43. Исмаилова Г.О., Мамбетуллаева С.М., Бердимбетова Г.Е. Результаты экологического мониторинга качества питьевой воды в Республике Каракалпакстан // Проблемы рационального использования и охрана биологических ресурсов Южного Приаралья: Материалы междунар. науч.-прак. конфер.- Нукус, 2006.- С. 77.
44. Ишмухаметов И.Б. Влияние антропогенного загрязнения окружающей среды на функциональные возможности сердечно сосудистой системы детей // Экология человека. - 2007. № 12. - С. 17 - 19.
45. Кабулов С.К. Климатический эффект усыхания Аральского моря // Вестник ККО АН РУз.- 1997.-№4.- С. 5-12.
46. Калмыкова А. С., Щебрикова Л. А., Углова Т. А. Влияние поздних осложнений СД на физическое развитие детей // Матер. IX конгресса педиатров России. М., 2004. - С.74-76.
47. Камильджанов А.Х., Мирзакаримова М., Муминова С.С. Методические указания по определению дисперсного состава взвешенных веществ методом миккроскопии.- Ташкент, 2003.- 7 с.

48. Карманов М.Е. Губанов Н.В., Мартынова М.И. и др. Некоторые эпидемиологические показатели инсулинзависимого сахарного диабета у детей Москвы // Проблемы эндокринологии. - 1992. -Т. 38, №4.-С. 29-30.
49. Касаткина Э.П. Сахарный диабет у детей и подростков.- М.: Медицина.- 1996.- 240 С.
50. Коньшина Л. Г., Шершнев В. П. Анализ состояния здоровья населения сельских районов Свердловской области, определение ведущих факторов // Гигиена и санитария. - 2005. - № 2. - С.15-17.
51. Константинова Л.Г., Реймов Р.Р. Пространственная дифференциация террритории Южного Приаралья как зона экологического бедствия: // Вестник ККО АН РУз. 1992. - С. 3 - 8.
52. Константинова Л.Г., Затынайко И.А., Шепелева Н.Н. Распределение микроэлементов в поверхностных водах низовьев Амударьи // Вестник ККО АН РУз.- 1994.- № 1.- С. 17-23.
53. Константинова Л.Г., Атаниязова О.А., Мамбетуллаева С.М. Некоторые аспекты корреляционной зависимости между микроэлементами в питьевой воде в иследуемых районах Республики Каракалпакстан // Вестник ККО АН РУз.- 1999.- № 4-5.- С. 7-8.
54. Константинова Л.Г., Курбанов А.Б., Атаназаров К.М., Абсаттаров Н. Качество питьевой воды, состояние здоровья населения и прогноз заболеваемости населения Республики Каракалпакстан // Экологические факторы и здоровье матери и ребенка в регионе Аральского кризиса: Материалы международ. семинара.- Ташкент: ФАН, 2001.- С. 87-95.
55. Коноваленко О.А., Громакова И. А., Эритроциты как модель исследования инсулин-связывающей активности тканей // Вопросы медицинской химии.-1997.-№7.-с.30-31.
56. Кулкараев А.К., Солиева Ш. Развитие потомства, вскормленного самками, потреблявшими абиотические вещества в сочетании с бинилом и углеводами // Хорезм Маъмун 1000 йилгига багишланган халкаро илмий конференция.- Хива, 2006.- б.160-161.
57. Кураева Т.Л., Сергеев А.Е., Лебедев Н.Б. и др. Заболеваемость сахарным диабетом и его распространённость в Москве // Проблемы эндокринологии. 1993. - Т. 39, №6. - С. 4-7.

58. Кураева Т.Л, Титович Е.В, Колесникова Г.С, Петеркова В.А. Генетические маркеры и функция β-клеток в ранних (доклинических) стадиях СД типа I // Сахарный диабет.- 2002.- № 2.- с. 2-5.
59. Курбанов А.Б., Ещанов Т.Б., Константинова Л.Г., Мамбетуллаева С.М. Особенности течения ОКЗ в зависимости от экологических условий районов Республики Каракалпакстан: Информ. письмо.- Нукус, 2002.- 6с.
60. Курбанов А.Б., Ещанов Т.Б., Константинова Л.Г., Косназаров К.А. Гигиеническая оценка пестицидов, применяемых в Республике Каракалпакстан.- Нукус.- Каракалпакстан, 2003.- 136 с.
61. Крятов И.А., Авхименко М.М., Цапкова Н.Н. Полихлорированные бифенилы и диоксины - опасные и персистентные загрязнители окружающей среды (обзор) // Гигиена и санитария. - 1991. - №12. - С.68-72.
62. Лакин Г.Ф. Биометрия: 2-е изд., перераб. и дополн. -М., 1973.- 343 с.
63. Лебедев Н.Б. Губанов Н.В., Смирнов и др. Эпидемиологические вспышки заболеваемости инсулинозависимым сахарным диабетом // Проблемы эндокринологии. 1993. - Т. 39, №5. - С. 4-6.
64. Лябах Н.Н. Сахарный диабет: мониторинг, моделирование, управление.- СПБ: Питер.- 2004.- 237 С.
65. Мадреимов А.М., Атаназаров К.М. Окружающая среда и здоровье населения Республики Каракалпакстан // Экологическое образование и устойчивое развитие: Материалы науч.-прак. конф. с между. Участием.- Нукус: Билим, 2004.- С. 103-105.
66. Мазовецкий А.Г., Беликов В.К. Сахарный диабет. -М.: Медицина, 1987.-288с.
67. Маймулов В. Г., Нагорный С. В., Шабров А. В. Основы системного анализа в эколого-гигиенических исследованиях / СПб.: ГМА им. И.И. Мечникова, 2000. - 342 с.
68. Максимов Г.К. Синицын А.Н. Статистическое моделирование многомерных систем в медицине.- Л.: Медицина, 1993. -144 с.
69. Малахина Е.С. Сахарный диабет в практике врача-терапевта: распространённость и качество диагностики//Автореф. дис. . канд. мед. наук. Новосибирск, 1999. - 21 с.

70. Мамбетуллаева С.М. Экологические аспекты изучения водного фактора в среде обитания человека применительно к условиям Приаралья // Вестник ККО АН РУз.- 2003.- С. 17-18.
71. Мамбетуллаева С.М. Оценка антропогенного воздействия на водоемы Южного Приаралья (имитационное моделирование) // Доклады АН РУз.- Ташкент, 2004.- №1.- с. 111-114.
72. Мамбетуллаева С.М, Качество питьевой воды и здоровье населения Южного Приаралья в условиях обострения экологической ситуации // Валихановские чтения-9: Материалы международ. науч.-практ. конф. Кокшетау, Казахстан, 2004.- Т.VI.- С. 68-70.
73. Мамбетуллаева С.М., Темирбеков О., Пирниязова Д.Ж., Мамбетназарова С.Н. К вопросу использования пестицидов и их воздействие на здоровье населения // Вестник ККО АН РУз.- 2013.- № 2.- с. 36-38.
74. Мандель И.Д. Кластерный анализ. М.: Финансы и статистика, 1986. - 176 с.
75. Марри Р., Греннер Д., Мейес П., Родуэлл В. Биохимия человека.- М.: Мир.-2 т, 1993-С.247-263.
76. Мартынова, М. И. Осложнения СД у детей и подростков: современная концепция патогенеза, функциональной диагностики и терапии // Педиатрия. 2003. - №5. - С.90-95.
77. Матушкина О.А., Нечаева Е.Г. Воздействие загрязнения на городские техногеосистемы //Экология и научно-технический прогресс: Материалы международ. науч.-практ. конфер.- Пермь, Россия, 2014.- С. 93.
78. Махмудов Э.С., Бабаева Р.Н., Кулкараев А.К., Расулова З.И. Влияние недоедания, денатурации и солевых нагрузок во время беременности на углеводный обмен и рост потомства // Узбекский биологический журнал.- Ташкент, 1999.- № 3.- С. 26-28.
79. Махмудов Э.С., Садыков Б.А., Кучкарова Л.С., Салиева Ш.К. Влияние экологических факторов Приаралья на развивающийся организм // Матер. конфер. "Современные проблемы физиологии и биофизики".- Ташкент, 2004.- С. 34-35.
80. Махмудов Э.С., Солиева Ш., Икметуллаева Г. Действие пестицида дронн на развивающийся организм // Матер. гонфер. "Современные проблемы физиологии и биофизики".- Ташкент, 2007.- С. 77.

81. Мирзонов В. А., Журихина И. А. Изучение влияния техногенного загрязнения и социальных условий среды обитания на здоровье населения // Здравоохранение РФ. - 2008. - № 5. - С. 47-49.
82. Мисникова, И.В. Эпидемиология инсулинзависимого сахарного диабета и оценка степени надёжности данных регистра// Автореф. дис. .канд. мед. наук.- М., 1999. - 20 с.
83. Олейникова Е. В., Нагорный С. В., Зуева Л. П. Экологические обусловленные заболевания // Здоровье населения и среда обитания. - 2005. - № 2. - С.8-15.
84. Онищенко Г. Г. Влияние состояния окружающей среды на здоровье населения. Нерешенные проблемы и задачи // Гигиена и санитария. - 2003. - № 1. - С. 3-10.
85. Очилов К.Р. Радиометрическое изучение распределения дефолианта дронна в организме животных. // Материалы конфер. "Современные проблемы биохимии и эндокринологии".- Ташкент, 2006.- С. 7-8.
86. Паньков В.И. Эпидемиология сахарного диабета: Обзор // Проблсмы эндокринологии. 1995. - Т. 41, №3. - С. 44 46.
87. Профилактика сахарного диабета (OMS): Доклад исследовательской группы ВОЗ // Всемирный форум здравооохранения. 2005. - Т. 16, №2. - С. 94.
88. Разаков Р.М., Рахмонов Б.А., Косназаров К.А. Экотоксилогическая оценка источников питьевого водоснабжения в Приаралье // Экологическое образование и устойчивое развитие: Материалы Международ. науч.-практ. конфер.- Нукус, 2004.- С. 112-113.
89. Редькин Ю.А. Оценка эффективности лечения и обучения больных инсулинозависимым сахарным диабетом на основе создания компьютерной информационной базы// Автореф. дис. . канд. мед. наук.- М., 1996. - 21с.
90. Реймов Р.Р. Формирование природных комплексов Южного Приаралья. Териофауна и ее динамика // Вестник ККО АН РУз.- 1997.- №3.- С. 60-65.
91. Реймов Р.Р., Реймов А.Р. Экологические аспекты охраны и использования популяций наземных позвоночных Приаралья в условиях Аральского кризиса // Вестник ККО АН РУз.- 2000.- № 1.- С. 9-12.

92. Рогов М.М., Ходкин С.С., Ревина С.К. Гидрология устьевой области Амударьи.- Л.:Гидрометеоиздат, 1968.- 256 с.
93. Рустамова М.Т. Распространенность и особенности клинического течения хронического бронхита в Южном Приаралье // Автореф. дисс. ...д-ра мед. наук.- Ташкент, 1994.- 40 с.
94. Сидоренко Г.И., Кутепов Е.Н. Приоритетные направления научных исследований по проблемам оценки и прогнозирования влияния факторов риска на здоровье населения // Гигиена и санитария. - 1994. - №8. - С.3-5.
95. Сидоров П.И., Новикова И.А., Соловьев А.Г. Роль неблагоприятных социально-психологических факторов в возникновении и течении сахарного диабета. Терапевтический архив, 2001. №1, стр. 68-70.
96. Старосельцева Л.К. Гормоны поджелудочной железы в патогенезе сахарного диабета.// Вестник АМН СССР.-1983.-№2.- С.28-33.
97. Сунцов Ю.И, Болотская Л.Л, Маслова О.В, Казаков И.В. Эпидемиология сахарного диабета и прогноз его распространенности в Российской Федерации //Сахарный диабет.- 2011.- № 1.- с. 15-18.
98. Тлеумуратова Б.С. Влияние солепылепереноса на осадкоообразование в Приаралье//Аридные экосистемы. - 2009. - том 15. - №3(39) . - с.28-35.
99. Трофименко, Е.В. Некоторые эпидемиологические и иммунологические показатели инсулинозависимого сахарного диабета у детей города Москвы: Автореф. дис. . канд. мед. наук.- М., 1995. - 21 с.
100. Убайдуллаев Р.У., Ильинский И.И. Атмосферный воздух и здоровье человека.- Ташкент: Медицина, 1986.- 160 с.
101. Уоткинс П. Сахарный диабет. Издательство: Бином.- 2000. -96 с.
102. Харламов С. А. Анализ распространенности сахарным диабетом у детей по данным регистра Волгоградской области // Тез. докл. III Всерос. диабетологического конгресса. - М., 2004. С.594
103. Чеботарев, П. А. Оценка состояния здоровья детского населения, проживающего в городах с различным загрязнением

атмосферного воздуха // Гигиена и санитария. - 2007. - № 6. - С. 76-78.
104. Чембарисов Э.И., Константинова Л.Г., Мадреимов А.М., Курбанов А.Б. Важнейшие проблемы водопользования и качество питьевой воды в Республике Каракалпакстан // Методическая разработка.- Нукус, 2005.- 38 с.
105. Черняк, И.Ю. Шашель В.А. , Лопатина Л.М. Использование индексного метода для оценки экологических условий проживания детей // Медико-экологические и социально-экономические проблемы, пути их решения: Сб. матер. III Межд. постоянно действующий конгресс "Экология и дети". - Анапа, 2006. С.129-130.
106. Щербо А. П., Киселев А.В., Масюк B.C., Шабалша И.М. Гигиеническая оценка загрязнения атмосферного воздуха промышленных городов Карелиии и риска для здоровья детского и подросткового населения // Гигиена и санитария. - 2008. - № 5. - С. 7-11.
107. Шиган Е.Н. Методы прогнозирования и моделирования в социально-гигиенических исследованиях. Москва: Медицина.- 1986.- 208 с.
108. Ширяева Т.Ю, Андрианова Е.А, Сунцов Ю.И. Динамика основных показателей сахарного диабета 1 типа у детей в Российской Федерации// Сахарный диабет.- 2010.- № 4.- с. 6-1.
109. Щербачева Л.Н, Кураева Т.Л, Ширяева Т.Ю, Емельянов А.О, Петеркова В.А. Эпидемиологическая характеристика сахарного диабета 1 типа у детей Российской Федерации//. Сахарный диабет.- 2004.- № 3.- 2-6.
110. Aberkromby D., Allenmark C., Агате C. Alguns produtos químicos de acoplamento alternativos para cromatografia de afinidade / / Mol. Biotechnol. 1994. - N 2. - p. 157-178.
111. Akanuma Y. Non-insulin - dependent diabetes mellitus (N1DDM) in Japan // Diabet. Med. - 1996. - Vol. 13, №9. - Suppi 6. - S. 11-12.
112. Assal J. P., Muhlhauser I., Pemet A.et al. Patient education as the basis of diabetes care in clinical practice // Diabetologia. 1985. - Vol. 28.- P. 45-76.
113. Atkinson MA. The pathogenesis and natural history of type 1 diabetes. Cold Spring Harb Perspect Med. 2012 Nov 1;2(11). pii: a007641. doi: 10.1101/cshperspect.a007641.

114. Battaglia M, Atkinson MA. The streetlight effect in type 1 diabetes. Diabetes. 2015 Apr;64(4):1081-90. doi: 10.2337/db14-1208. Revisão.
115. Benson VS, Vanleeuwen JA, Taylor J, Somers GS, McKinney PA, Van Til L. Diabetes mellitus tipo 1 e componentes da água potável e da dieta: um estudo de caso-controlo de base populacional na Ilha do Príncipe Eduardo, Canadá. J Am Coll Nutr. 2010 Dec;29(6):612-624.
116. Beyerlein A, Krasmann M, Thiering E, Kusian D, Markevych I, D'Orlando O, Warncke K, Jochner S, Heinrich J, Ziegler AG. Ambient air pollution and early manifestation of type 1 diabetes. Epidemiology. 2015 May;26(3):e31-2. doi: 10.1097/EDE.0000000000000254. Não existe resumo disponível.
117. Bodin J, Stene LC, Nygaard UC. A exposição a produtos químicos ambientais pode aumentar o risco de desenvolvimento de diabetes tipo 1? Biomed Res Int. 2015;:208947. doi: 10.1155/2015/208947. Epub 2015 Mar 26. Revisão.
118. Boguski M., Peitsch M. A primeira lipocalina com atividade enzimática. // Trends Biochem. Sci.-1991.-v. 16.- N 10.- p.361-363.
119. Butalia S, Kaplan GG, Khokhar B, Rabi DM. Environmental Risk Factors and Type 1 Diabetes: Past, Present, and Future. Can J Diabetes. 2016 Aug 18. pii: S1499-2671(15)30052-6. doi: 10.1016/j.jcjd.2016.05.002. [Epub ahead of print] Revisão.
120. Cetkovic-Cvrlje M, Olson M, Schindler B, Gong HK. A exposição ao metabolito p,p'-DDE do DDT aumenta a incidência de diabetes tipo 1 autoimune no modelo de rato NOD //Immunotoxicol 2016;13(1):108-18.doi: 10.3109/1547691X.2015.1017060. Epub 2015 Feb 27.
121. Chan T., Chen H., Chen Y., Lee C., Chou F., Chen IJ., Chen S., Jong S., Tsai E. Aumento das concentrações séricas da proteína 4 de ligação ao retinol em mulheres com diabetes mellitus gestacional. // Reprod Sci.- 2007.V.14.- N 2.-p. 169-174.
122. Debost-Legrand A, Warembourg C, Massart C, Chevrier C, Bonvallot N, Monfort C, Rouget F, Bonnet F, Cordier S. Exposição pré-natal a poluentes orgânicos persistentes e pesticidas organofosforados, e marcadores do metabolismo da glucose ao nascimento. Environ Res. 2016 Apr;146:207-17. doi: 10.1016/j.envres.2016.01.005. Epub 2016 Jan 11.
123. Dhouib I, Jallouli M, Annabi A, Marzouki S, Gharbi N, Elfazaa S, Lasram MM. Da imunotoxicidade à carcinogenicidade: os efeitos dos pesticidas carbamatos no sistema imunitário. Environ Sci Pollut Res Int.

2016 maio;23(10):9448-58. doi: 10.1007/s11356-016-6418-6. Epub 2016 Mar 18.

124. Di Ciaula A. Diabetes tipo I em idade pediátrica na Apúlia (Itália): Incidência e associações com poluentes do ar exterior. Diabetes Res Clin Pract. 2016 Jan;111:36-43. doi: 10.1016/j.diabres.2015.10.016. Epub 2015 Oct 23.

125. Ehehalt S, Blumenstock G, Willasch AM, Hub R, Ranke MB, Neu A. -DIARY-Stady Group Baden-Wurttemberg. Collaborators (31) Continuous Rise in Incidence of Childhood Type 1 Diabetes in Germany. *Diabet. Med.* 2008; 25 (6): 755-757.

126. Efeitos da variação genética no gene da proteína-4 de ligação ao retinol humano (RBP4) na resistência à insulina e na expressão do mRNA específico do depósito de gordura. // Diabetes.- 2007,-v. 56.-N 12.-p.3095-3100.

127. El-Morsi DA, Rahman RHA, Abou-Arab AAK. Resíduos de pesticidas em crianças diabéticas egípcias: Um estudo preliminar. J Clinic Toxicol. 2012;2:138.

128. Esser A, Schettgen T, Gube M, Koch A, Kraus T. Association between polychlorinated biphenyls and diabetes mellitus in the German HELPcB cohort. Int J Hyg Environ Health. 2016 Ago;219(6):557-65. doi: 10.1016/j.ijheh.2016.06.001. Epub 2016 Jun 23.

129. Eze IC, Imboden M, Kumar A, von Eckardstein A, Stolz D, Gerbase MW, Künzli N, Pons M, Kronenberg F, Schindler C, Probst-Hensch N. Air pollution and diabetes association: Modificação pelo escore de risco genético do diabetes tipo 2. Environ Int. 2016 Sep; 94: 263-71. doi: 10.1016 / j.envint.2016.04.032. Epub 2016 Jun 6.

130. Eze IC, Hemkens LG, Bucher HC, Hoffmann B, Schindler C, Künzli N, Schikowski T, Probst-Hensch NM. Association between ambient air pollution and diabetes mellitus in Europe and North America: systematic review and meta-analysis. Environ Health Perspect. 2015 May;123(5):381-9. doi: 10.1289/ehp.1307823. Epub 2015 Jan 27. Revisão.

131. Fleisch AF, Kloog I, Luttmann-Gibson H, Gold DR, Oken E, Schwartz JD. Air pollution exposure and gestational diabetes mellitus among pregnant women in Massachusetts: a cohort study. Environ Health. 2016 Feb 24;15:40. doi: 10.1186/s12940-016-0121-4.

132. Fluegge K. O possível papel da poluição atmosférica na ligação entre a PHDA e a obesidade. Postgrad Med. 2016 Aug;128(6):573-6. doi: 10.1080/00325481.2016.1189802. Epub 2016 Jun 2. Não há resumo disponível. 4;15(1):59. doi: 10.1186/s12940-016-0143-y.

133. Forlenza GP, Rewers M. The epidemic of type 1 diabetes: what is it telling us? Curr Opin Endocrinol Diabetes Obes. 2011 Aug;18(4):248-51. doi: 10.1097/MED.0b013e32834872ce. Revisão.

134. Gascon M, Morales E, Sunyer J, Vrijheid M. Efeitos de poluentes orgânicos persistentes no desenvolvimento dos sistemas respiratório e imunitário: uma revisão sistemática. Environ Int. 2013 Feb; 52:51-65. doi: 10.1016/j.envint.2012.11.005. Epub 2013 Jan 3. Revisão.

135. Hayes C. Factores de risco ambientais // Cleft lip and palate. From Origin to Treatment. Oxford: Oxford University Press, 2002. - P. 159-169.

136. Haynes A, Bulsara MK, Bower C, Jones TW, Davis EA. Variação cíclica na incidência de diabetes tipo 1 infantil na Austrália Ocidental (1985-2010). Diabetes Care. 2012 Nov;35(11):2300-2. doi: 10.2337/dc12-0205. Epub 2012 Jul 26.

137. Howard SG, Lee DH. What is the role of human contamination by environmental chemicals in the development of type 1 diabetes? J Epidemiol Community Health. 2012 Jun;66(6):479-81. doi: 10.1136/jech.2011.133694. Epub 2011 Apr 17.

138. Howard SG, Heindel JJ, Thayer KA, Porta M. Environmental pollutants and beta cell function: relevance for type 1 and gestational diabetes. Diabetologia. 2011 Dec;54(12):3168-9. doi: 10.1007/s00125-011-2318-y. Epub 2011 Sep 24. Não existe resumo disponível.

139. Huang X, Zhang C, Hu R, Li Y, Yin Y, Chen Z, Cai J, Cui F. Associação entre exposições ocupacionais a pesticidas com estruturas químicas heterogéneas e saúde dos agricultores na China. Sci Rep. 2016 Apr 27;6:25190. doi: 10.1038/srep5190.

140. Hui LL, Chan MH, Lam HS, Chan PH, Kwok KM, Chan IH, Li AM, Fok TF. Impacto da exposição ao mercúrio fetal e infantil no estado imunitário das crianças. Environ Res. 2016 Jan;144(Pt A):66-72. doi: 10.1016/j.envres.2015.11.005. Epub 2015 Nov 9.

141. Jones OA, Maguire ML, Griffin JL. Poluição ambiental e diabetes: uma associação negligenciada. Lancet. 2008 Jan 26;371(9609):287-8. doi: 10.1016/S0140-6736(08)60147-6. Não existe resumo disponível.

142. Jankosky C, Deussing E, Gibson RL, Haverkos HW. Vírus e vitamina D na etiologia da diabetes mellitus tipo 1 e esclerose múltipla. Virus Res. 2012 Feb;163(2):424-30. doi: 10.1016/j.virusres.2011.11.010. Epub 2011 Nov 20. Revisão.
143. Junnila SK. A epidemia de diabetes tipo 1 na Finlândia é desencadeada por nanopartículas de sílica amorfa contendo zinco. Med Hypotheses. 2015 Apr;84(4):336-40. doi: 10.1016/j.mehy.2015.01.021. Epub 2015 Jan 21
144. Kaminskyi OV, Kopylova OV, Afanasyev DE, Pronin OV. Doenças não cancerígenas da tiroide e outras doenças endócrinas em crianças e adultos expostos a radiações ionizantes após o acidente de ChNPP. Probl Radiac Med Radiobiol. 2015 Dec;20:341-55. Inglês, ucraniano.
145. Karvonen M., Toumilehto J., Libman I., La Porte R. A review of the recent epidemiological data on the worldwide incidence of type I (insulin-dependent) diabetes mellitus // Diabetologia: 1993. - Vol.36. - P.883-892.
146. Kim YH, Lee YS, Lee DH, Kim DS. Os hidrocarbonetos aromáticos policíclicos estão associados à metilação do substrato 2 do recetor de insulina nos tecidos adiposos de mulheres coreanas. Environ Res. 2016 Oct; 150: 47-51. doi: 10.1016 / j.envres.2016.05.043. Epub 2016 maio 27.
147. Kitao S., Yamada T., Ishikawa T., Madarame H., Furuichi M., Neo S., Tsuchiya R.,Kobayashi K. Alfa-fetoproteína no soro e tecidos tumorais em cães com carcinoma hepatocelular. // J.Vet. Diagn. Invest.-2006.- v.18.- p. 291 -295. 182.
148. Knip M, Simell O. Environmental triggers of type 1 diabetes. Cold Spring Harb Perspect Med. 2012 Jul; 2(7):a007690. doi: 10.1101/cshperspect.a007690. Revisão.
149. Kondrashova A, Hyöty H. Role of viruses and other microbes in the pathogenesis of type 1 diabetes. Int Rev Immunol. 2014 Jul-Aug; 33 (4): 284-95. doi: 10.3109 / 08830185.2014.889130. Epub 2014 Mar 10. Revisão.
150. Landin-Olsson M, Hillman M, Erlanson-Albertsson C. Is type 1 diabetes a food-induced disease? Med Hypotheses. 2013 agosto; 81 (2): 338-42. doi: 10.1016 / j.mehy.2013.03.046. Epub 2013 maio 17.

151. Kulmatov R.A., Hojamberdiev M. Heavy Metals Concentration and Speciation in Arid Zone Rivers (Amudarya and Syrdarya) of Central Asia// Journal of Environmental Science and Engineering (ISSN 1934-8932).- USA.- Aug. 2010, Volume 4, No.8 (Serial No.33).- p. 36-45.
152. Kulmatov R.A. Problemas de utilização e gestão sustentáveis dos recursos hídricos e terrestres no Uzbequistão // Journal of Water Resource andProtection.-2014.-№6.-p.35-42.-http://www.scirp.org/journal/jwarp)
153. Lin C. C, Huang H. H, Hu C.W, Chen B. H, Chong I.W, Chao Y.Y, Huang Y.L. Oligoelementos, stress oxidativo e controlo glicémico em jovens com diabetes mellitus tipo 1. J Trace Elem Med Biol. 2014 Jan; 28 (1): 18-22. doi: 10.1016 / j.jtemb.2013.11.001. Epub 2013 Nov 18.
154. Liu C, Yang C, Zhao Y, Ma Z, Bi J, Liu Y, Meng X, Wang Y, Cai J, Kan H, Chen R. Associações entre a exposição a longo prazo à poluição atmosférica por partículas e a prevalência de diabetes tipo 2, níveis de glicose no sangue e de hemoglobina glicosilada na China. Environ Int. 2016 Jul-Aug;92-93:416-21. doi: 10.1016/j.envint.2016.03.028. Epub 2016 maio 3.
155. Malmqvist E, Larsson HE, Jönsson I, Rignell-Hydbom A, Ivarsson SA, Tinnerberg H, Stroh E, Rittner R, Jakobsson K, Swietlicki E, Rylander L. Exposição materna à poluição do ar e diabetes tipo 1 - Contabilizando fatores genéticos. Environ Res. 2015 Jul;140:268-74. doi: 10.1016/j.envres.2015.03.024. Epub 2015 Abr 13.
156. Mambetullaeva S.M., Kudaybergenova U.K. Papel dos factores ecológicos na formação da incidência da população de Karakalpakstan //Austrian Journal of Technical and Natural Sciences.- 2014.- № 1.- P.3 - 7.
157. Mattsson K, Jönsson I, Malmqvist E, Larsson HE, Rylander L. Maternal smoking during pregnancy and offspring type 1 diabetes mellitus risk: accounting for HLA haplotype. Eur J Epidemiol. 2015 Mar;30(3):231-8. doi: 10.1007/s10654-014-9985-1. Epub 2015 Jan 10.
158. Miller FW, Alfredsson L, Costenbader KH, Kamen DL, Nelson LM, Norris JM, De Roos AJ. Epidemiology of environmental exposures and human autoimmune diseases: findings from a National Institute of Environmental Health Sciences Expert Panel Workshop. J Autoimmun. 2012 Dec;39(4):259-71. doi: 10.1016/j.jaut.2012.05.002. Epub 2012 Jun 25. Revisão.

159. Mirsky I.A., Broh-Kahn R.H. A inativação da insulina por extractos de tecidos. A distribuição e as propriedades dos extractos inactivadores de insulina (insulinase).//Arch. Bioch. 1949. Vol. 20. p.1-9.
160. Morin J.E., Carmichael D.F., Dixon J.E., Arch. Bioch. Bioph., 1978. v.189. №2. p.354-363.
161. Moltchanova EV, Schreier N, Lammi N, Karvonen M. Incidence of Childhood Type 1 Diabetes. Grupo do Projeto Diabetes Mondial (DiaMond). *Diabet. Med.* 2009; 26 (7): 673-678.
162. Niinistö S, Takkinen HM, Uusitalo L, Rautanen J, Vainio N, Ahonen S, Nevalainen J, Kenward MG, Lumia M, Simell O, Veijola R, Ilonen J, Knip M, Virtanen SM. Ingestão materna de ácidos gordos e suas fontes alimentares durante a lactação e o risco de diabetes pré-clínica e clínica do tipo 1 na descendência. Ata Diabetol. 2015 Aug;52(4):763-72. doi: 10.1007/s00592-014-0673-0. Epub 2015 Jan 7
163. Pathange L., Bevan D., Zhang C. Quantificação da microestrutura das proteínas e efeitos electrostáticos na alteração da energia livre de ligação de Gibbs em cromatografia de afinidade de metais imobilizados. // Anal. Chcm.- 2008.-V. 80.-N 5. p.1628 1640.
164. Penno MA, Couper JJ, Craig ME, Colman PG, Rawlinson WD, Cotterill AM, Jones TW, Harrison LC; Grupo de Estudo ENDIA. Determinantes ambientais da autoimunidade das ilhotas (ENDIA): um estudo de coorte da gravidez ao início da vida em crianças em risco de diabetes tipo 1. BMC Pediatr. 2013 Ago 14;13:124. doi: 10.1186/1471-2431-13-124.
165. Persson S, Magnusson U. Environmental pollutants and alterations in the reproductive system in wild male mink (Neovison vison) from Sweden. Chemosphere. 2015 Fev; 120: p. 37-45.doi: 10.1016/j.chemosphere.2014.07.009. Epub 2014 Aug 9.
166. Rahish D, Agampodi SB, Jayasumana MA, Siribaddana SH. Do envenenamento por organofosforados ao diabetes mellitus: O efeito da incretina. Med Hypotheses. 2016 Jun; 91: 53-5. doi: 10.1016 / j.mehy.2016.04.002. Epub 2016 Abr 7.
167. Ranjbar M, Rotondi MA, Ardern CI, Kuk JL. The Influence of Urinary Concentrations of Organophosphate Metabolites on the Relationship between BMI and Cardiometabolic Health Risk (A influência das concentrações urinárias de metabolitos de organofosforados

na relação entre o IMC e o risco para a saúde cardiometabólica). J Obes. 2015;2015:687914. doi: 10.1155/2015/687914. Epub 2015 Aug 20.
168. Rathish D, Agampodi SB, Jayasumana MA, Siribaddana SH. Do envenenamento por organofosforados ao diabetes mellitus: O efeito da incretina. Med Hypotheses. 2016 Jun; 91: 53-5. doi: 10.1016 / j.mehy.2016.04.002. Epub 2016 Abr 7.
169. Roche EF, McKenna AM, Ryder KJ, Brennan AA, O'Regan M, Hoey HM. A incidência da diabetes tipo 1 em crianças e adolescentes está a estabilizar? Os primeiros 6 anos de um Registo Nacional. Eur J Pediatr. 2016 Sep 22.
170. Romieu I, Gouveia N, Cifuentes LA, de Leon AP, Junger W, Vera J, Strappa V, Hurtado-Díaz M, Miranda-Soberanis V, Rojas-Bracho L, Carbajal-Arroyo L, Tzintzun-Cervantes G; Comité de Revisão da Saúde da HEI. Estudo multicêntrico da poluição do ar e mortalidade na América Latina (o estudo ESCALA). Res Rep Health Eff Inst. 2012 Oct;(171):5-86.
171. Rønningen KS. Gatilho (s) ambiental (is) do diabetes tipo 1: por que é tão difícil de identificar? Biomed Res Int. 2015; 2015:321656. doi: 10.1155/2015/321656. Epub 2015 Mar 25. Revisão.
172. Rosenbauer J, Tamayo T, Bächle C, Stahl-Pehe A, Landwehr S, Sugiri D, Krämer U, Maier W, Hermann JM, Holl RW, Rathmann W. Re: Ambient Air Pollution and Early Manifestation of Type 1 Diabetes (Poluição do ar ambiente e manifestação precoce da diabetes tipo 1). Epidemiology. 2016 Jul; 27(4):e25-6. doi: 10.1097/EDE.0000000000000495. Não existe resumo disponível.
173. Roth R.A., Mesirow M.L., Yokono K., Baba S. Degradação dos factores de crescimento semelhantes à insulina I e II por uma enzima de degradação da insulina humana.// Endocr. Res. 1984. Vol.10. №2. p.101-112.
174. Russ K, Howard S. Developmental Exposure to Environmental Chemicals and Metabolic Changes in Children (Exposição do Desenvolvimento a Substâncias Químicas Ambientais e Alterações Metabólicas em Crianças). Curr Probl Pediatr Adolescente Cuidados de Saúde. 2016 agosto; 46 (8): 255-85. doi: 10.1016 / j.cppeds.2016.06.001. Epub 2016 Jul 9.

175. Rubí B. A deficiência de piridoxal 5'-fosfato (PLP) pode contribuir para o aparecimento da diabetes tipo I. Med Hypotheses. 2012 Jan; 78(1):179-82. doi: 10.1016/j.mehy.2011.10.021. Epub 2011 Nov 15.
176. Ryan M.P., Peavy D.E., Frank B.H., Duckworth W.C. The degradation of monoiodotyrosyl insulin isomers by insulin protease.// Endocrinology. 1984 Ago. Vol. 115. №2. p.591-599.
177. Samardžić M, Martinović M, Nedović-Vuković M, Popović-Samardžić M. Incidência recente de diabetes mellitus tipo 1 em montenegro: uma mudança para uma idade mais jovem no início da doença. Ata Clin Croat. 2016 Mar;55(1):63-8.
178. Samuelsson U, Löfman O. Geochemical correlates to type 1 diabetes incidence in southeast Sweden: an environmental impact? J Environ Health. 2014 Jan-Fev; 76 (6):146-54.
179. Sargis RM, Howard SG, Newbold RR, Heindel JJ. THE DIABETES EPIDEMIC: Environmental Chemical Exposure in Etiology and Treatment (A EPIDEMIA DO DIABETES: Exposição química ambiental na etiologia e no tratamento). San Franc Med. 2012 Jun;85(5):18-20. Não existe resumo disponível.
180. Schaue D, Micewicz ED, Ratikan JA, Xie MW, Cheng G, McBride WH. Radiação e inflamação. Semin Radiat Oncol. 2015 Jan; 25 (1): 4-10. doi: 10.16 / j.semradonc.2014.07.007. Revisão.
181. Schmidt CW. As questões persistem: factores ambientais na doença autoimune. Environ Health Perspect. 2011 Jun;119(6):A249-53. doi: 10.1289/ehp.119-a248. Não existe resumo disponível.
182. Songini M, Mannu C, Targhetta C, Bruno G. Diabetes tipo 1 na Sardenha: factos e hipóteses no contexto dos dados epidemiológicos mundiais Ata Diabetol. 2016 Sep 17.
183. Spaans EA, van Dijk PR, Groenier KH, Brand PL, Reeser MH, Bilo HJ, Kleefstra N. Sazonalidade do diagnóstico de diabetes mellitus tipo 1 nos Países Baixos (Young Dudes-2). J Pediatr Endocrinol Metab. 2016 Jun 1;29(6):657-61. doi: 10.1515/jpem-2015-0435.
184. Sviridov D., Meilinger B., Drake S., Hoehn G., Hortin G. Coeluição de outras proteínas com albumina durante a HPLC de exclusão de tamanho: implicações para a análise da albumina urinária. // Am. J. Physiol. Renal. Physiol.- 2007,-v. 292.-p.430 439.
185. Tamayo T, Rathmann W, Stahl-Pehe A, Landwehr S, Sugiri D, Krämer U, Hermann J, Holl RW, Rosenbauer J. No adverse effect of

outdoor air pollution on HbA1c in children and young adults with type 1 diabetes. Int J Hyg Environ Health. 2016 Jul; 219(4-5):349-55. doi: 10.1016/j.ijheh.2016.02.002. Epub 2016 Feb 15.

186. Grupo de estudo TEDDY. Estudo sobre os Determinantes Ambientais da Diabetes nos Jovens (TEDDY). Ann N Y Acad Sci. 2008 Dec;1150:1-13. doi: 10.1196/annals.1447.062.

187. Thayer KA, Heindel JJ, Bucher JR, Gallo MA. Role of environmental chemicas in diabetes and obesity: a National Toxicology Program workshop review. Environ Health Perspect. 2012 Jun; 120(6):779-89. doi: 10.1289/ehp.1104597. Epub 2012 Feb 1. Revisão.

188. Valera P, Zavattari P, Sanna A, Pretti S, Marcello A, Mannu C, Targhetta C, Bruno G, Songini M. Deficiências de zinco e outros metais e risco de diabetes tipo 1: An Ecological Study in the High Risk Sardinia Island. PLoS One. 2015 Nov 11;10(11):e0141262. doi: 10.1371/journal.pone.0141262. eCollection 2015.

189. VanBuecken D, Lord S, Greenbaum CJ. Changing the Course of Disease in Type 1 Diabetes (Mudando o curso da doença no diabetes tipo 1). In: De Groot LJ, Beck-Peccoz P, Chrousos G, Dungan K, Grossman A, Hershman JM, Koch C, McLachlan R, New M, Rebar R, Singer F, Vinik A, Weickert MO, editores. South Dartmouth (MA): MDText.com, Inc.; 2000-2015 Jun 29

190. Vrijheid M, Casas M, Gascon M, Valvi D, Nieuwenhuijsen M. Environmental pollutants and child health-A review of recent concerns. Int J Hyg Environ Health. 2016 Jul;219(4-5):331-42. doi: 10.1016/j.ijheh.2016.05.001. Epub 2016 May 11.

191. Waghe P, Sarkar SN, Sarath TS, Kandasamy K, Choudhury S, Gupta P, Harikumar S, Mishra SK. A exposição subcrónica ao arsénio através da água potável altera o perfil lipídico e o estado eletrolítico em ratos. //Biol Trace Elem Res. -2016.p. 78-84

192. Wang A, Padula A, Sirota M, Woodruff TJ. Environmental influences on reproductive health: the importance of chemical exposures (Influências ambientais na saúde reprodutiva: a importância das exposições químicas). Fertil Steril. 2016 Sep 15;106(4):905-29. doi: 10.1016/j.fertnstert.2016.07.1076.

193. Wei Y, Zhu J. Urinary concentrations of 2,5-dichlorophenol and diabetes in US adults. J Expo Sci Environ Epidemiol. 2016 maio-Jun; 26(3):329-33. doi: 10.1038/jes.2015.19. Epub 2015 Abr 1.

194. Wilkin TJ. A convergência da diabetes tipo 1 e tipo 2 na infância: a hipótese do acelerador. Pediatr Diabetes. 2012 Jun;13(4):334-9. doi: 10.1111/j.1399-5448.2011.00831.x. Epub 2011 Nov 8.
195. Williams G- Handbook of diabetes t G. Williams. J.C Pickup. Reino Unido: Blaekwell Science - 2003 - 242p.
196. Wong CM, Vichit-Vadakan N, Vajanapoom N, Ostro B, Thach TQ, Chau PY, Chan EK, Chung RY, Ou CQ, Yang L, Peiris JS, Thomas GN, Lam TH, Wong TW, Hedley AJ, Kan H, Chen B, Zhao N, London SJ, Song G, Chen G, Zhang Y, Jiang L, Qian Z, He Q, Lin HM, Kong L, Zhou D, Liang S, Zhu Z, Liao D, Liu W, Bentley CM, Dan J, Wang B, Yang N, Xu S, Gong J, Wei H, Sun H, Qin Z; Comité de Revisão da Saúde da IES. Parte 5. Saúde pública e poluição atmosférica na Ásia (PAPA): uma análise combinada de quatro estudos sobre poluição atmosférica e mortalidade. Res Rep Health Eff Inst. 2010 Nov;(154):377-418
197. Wurl O, Obbard JP. Organochlorine pesticides, polychlorinated biphenyls and polybrominated diphenyl ethers in Singapore's coastal marine sediments. Chemosphere. 2005 Feb; 58(7): p.25-33.
198. Xu X, Zcng X, Boczcn HM, Huo X. E-waste environmental contamination and harm to public health in China (Contaminação ambiental dos resíduos electrónicos e danos para a saúde pública na China). Front Med. 2015 Jun;9(2):220-8. doi: 10.1007/s11684-015-0391-1. Epub 2015.-p. 84-91
199. Zhang Y, Dong S, Wang H, Tao S, Kiyama R. Artigos semelhantes Impacto biológico dos hidrocarbonetos aromáticos policíclicos ambientais (ePAHs) como desreguladores endócrinos.//Environ. Pollut.- 2016.- Jun; 213:809-24.- doi: 10.1016/j.envpol.2016.03.050.
200. Zhao Y, Zhang Y, Wang G, Han R, Xie X. Effects of chlorpyrifos on the gut microbiome and urine metabolome in mouse (Mus musculus). Chemosphere. 2016 Jun; 153: 287-93. doi: 10.1016 / j.chemosphere.2016.03.055. Epub 2016 Mar 26.50.
201. Zhong J, Allen K, Rao X, Ying Z, Braunstein Z, Kankanala SR, Xia C, Wang X, Bramble LA, Wagner JG, Lewandowski R, Sun Q, Harkema JR, Rajagopalan S. Repeated ozone exposure exacerbates insulin resistance and activates innate immune response in genetically susceptible mice. Inhal Toxicol. 2016.- Ago; 28(9):383-92. doi: 10.1080/08958378.2016.1179373. Epub.- 2016.

LISTA DE ABREVIATURAS

DM	-Diabetes mellitus
WHO	- World Health Organization
SEMI	- lipid peroxidation
AOS	- an antioxidant system
KKO AN RUz -	Karakalpak branch of the Academy of Sciences of the Republic of Uzbekistan
MPC	- maximum permissible concentration
COC	- organochlorine compounds
PHOS	- organophosphate compounds
FOP	- organophosphate pesticides
HCG	- hexachlorocyclohexane
HCB	- hexachlorobenzene
POPS	- persistent organic pollutants
HOP	- organochlorine pesticides
PCBs	are polychlorinated biphenyls
CHD	is an ischemic heart disease

ÍNDICE DE CONTEÚDOS

Printed by Books on Demand GmbH, Norderstedt / Germany